为孩子们快乐学习写的书

Scratch+Python+App Inventor+NMduino

创客编程与开源硬件
精选课例40节

主编：赵 斌
执行主编：李 刚

电子工业出版社

Publishing House of Electronics Industry

北京·BEIJING

图书在版编目(CIP)数据

创客编程与开源硬件精选课例 40 节 / 赵斌主编. —北京: 电子工业出版社, 2020.6

ISBN 978-7-121-39095-1

Ⅰ. ①创… Ⅱ. ①赵… Ⅲ. ①软件工具－程序设计Ⅳ. ①TP311.561

中国版本图书馆 CIP 数据核字(2020)第 099482 号

责任编辑：郝国栋

文字编辑：董晓梅　吴宏丽

印　　刷：北京缤索印刷有限公司

装　　订：北京缤索印刷有限公司

出版发行：电子工业出版社

　　　　　北京市海淀区万寿路 173 信箱　　　　邮编：100036

开　　本：787×1092　1/16　　　印张：19.5　　　字数：468 千字

版　　次：2020 年 6 月第 1 版

印　　次：2021 年 4 月第 2 次印刷

定　　价：58.00 元

凡所购买电子工业出版社图书有缺损问题，请向购买书店调换。若书店售缺，请与本社发行部联系，联系及邮购电话：(010) 88254888，88258888。

质量投诉请发邮件至 zlts@phei.com.cn，盗版侵权举报请发邮件至 dbqq@phei.com.cn。

本书咨询联系方式：(0532) 67772605，邮箱：majie@phei.com.cn。

创客编程与开源硬件精选课例 40 节

　　本书全面梳理了在创客教育开展过程中，小学、初中与高中不同阶段学生必备的创客编程能力，以 Scratch、App Inventor、Python 和 NMduino 开源硬件为载体，精选了 40 节创客编程案例，既可以满足单独学习一门语言的需要，也可以进行多编程语言的融汇贯穿式学习。

　　Scratch 是麻省理工学院的"终身幼儿园团队"（Lifelong Kindergarten Group）开发的图形化编程工具，由于其积木化的编程方式，特别适合低年级学生或编程入门者学习。

　　Python 在 20 世纪 90 年代初由荷兰人吉多·范罗苏姆（Guido van Rossum）创造，是一种跨平台的计算机程序设计语言，是一个结合了解释性、编译性、互动性和面向对象的脚本语言。当下热门的人工智能程序很多都是用 Python 编译出来的。

　　App Inventor 原是 Google 实验室（Google Lab）的一个子计划，2012 年移交给麻省理工学院行动学习中心公布使用，它提供了一个完全在线开发的 Android 编程环境，可以自己编写手机程序，功能十分强大。

　　NMduino 开源硬件是贾晖和李刚老师带领内蒙古教育创客团队在 Arduino 基础上开发的开源硬件，它将多个具备不同功能的传感器集成在一起感知环境的变化，通过控制灯光、声音、温度和其他的装置来反馈、影响环境，适合学校教学使用，学生也可以在此开源硬件的基础上进行二次开发，体现手脑结合的新型劳动形态。

本书注重对创客编程能力养成的培养，从图形化编程到代码编程逐渐过渡，给学有余力、继续深入学习的读者打下了扎实的基础。书中精选课例都是经过实际教学检验的创客编程课题与案例，是教师集体教学经验的结晶。课题与案例的选取突出学生创意表达和创新能力的培养，突出学生计算思维能力的培养，突出学生动手实践能力的培养。我们希望本书的读者可以从学习基础内容开始，逐步成为一名真正的创客。我们力求回归信息技术和创客教育的初心，让本书成为一片让孩子们快乐学习的乐土。

本书适合学校开展信息技术和创客教育，适合教师培训、学生自学，同时也可作为非计算机专业的大学生学习创客编程的入门读物。

编　者
2020 年 5 月

目录

Contents

第一篇

Scratch 程序设计

培训视频 1

培训视频 2

第1节　小猫学穿越

学习目标

1. 认识 Scratch 编程平台，了解什么是 Scratch 和用 Scratch 能够做什么。
2. 认识 Scratch 界面的 6 大区域(菜单栏、舞台区、背景区、角色区、脚本区、积木区)。
3. 学习并掌握如何设置舞台背景，如何新建角色、删除角色。
4. 学习如何在积木区选择命令积木，在脚本区搭建命令积木。
5. 学会使用移动、外观、事件、控制、侦测积木类中的部分命令积木。
6. 了解顺序、分支、循环三大程序结构。
7. 学会保存作品。

学习过程

一、情景导入

在 Scratch 中，默认角色是一个小黄猫，它可有能耐了，会跑、会跳、上天入地。这不，它又在家里练起了穿越。本节，我们制作一个"小猫学穿越"的动画。

二、了解 Scratch 软件和内蒙古编程平台

1. Scratch 图形化编程软件

Scratch 是一款图形化编程软件，用 Scratch 编程不需要写复杂的难以看懂的文字代码，也不需要认识英文单词，Scratch 软件把复杂的文字代码"包装"成了一个个命令积木，编程过程操作起来就像搭积木一样简单。目前 Scratch 已经成为一门非常流行的图形化编程语言。

2. 内蒙古编程平台

本教材使用内蒙古编程平台（网址：www.nmgcode.cn）中的在线 Scratch 软件，在该平台中，执行"创作"→"Scratch 3.5"菜单命令，就可以打开在线 Scratch 软件。

如果不方便连接网络，也可以直接下载并安装 Scratch 离线版软件，同样可以进行

课程的学习与创作。

三、认识 Scratch 编程界面的 6 大区域

Scratch 编程界面分为 6 个区域，它们包括：菜单栏、舞台区、背景区、角色区、脚本区、积木区，如图 1.1 所示。

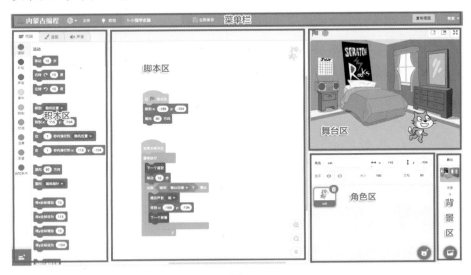

◉ 图 1.1

1. 菜单栏

菜单栏里有编程平台名称、语言选择、文件菜单、教程菜单、作品名称、立即保存、发布项目及用户姓名等。

2. 舞台区

舞台是故事发生的场所，舞台由背景和角色组成。Scratch 编程就像是导演在指导舞台剧一样，导演构思好舞台上的角色是谁，给它们安排好台词、动作、外观，也可以安排道具和背景。编程的过程就是一个将图、文、声、像自由安排的设计过程。

3. 背景区

可以用背景图片渲染故事发生的场景，背景区的功能就是用来选择或者加工背景图片，也可以自己上传背景图片，背景图片可以有多个，默认情况下，背景是一个充满舞台的白色的矩形区域，可以使用外观积木类中的命令积木改变背景的显示状态。

4. 角色区

程序中所有的角色都会在这里列出。角色分为人物、动物、道具等。内蒙古编程平台的在线版 Scratch 和离线版 Scratch 中默认的角色都是一个小黄猫。可以根据故事需要增加或者减少角色。

5. 脚本区

脚本区就是程序区，是给角色或背景编写程序的地方。Scratch 作为一门编程语言，可以自由选择命令积木，从积木区中拖动相应的命令积木到脚本区，按照设计意图像搭积木一样把它们组合在一起，形成程序，这种方式与用文字代码编程相比，有直观性强、

易操作等特点，非常适合低龄学生和初次学习编程的人学习。

单击脚本区中的命令积木，该积木的运行效果会立即在角色上发挥作用，将角色在舞台中运动、外观、声音等方面的变化直观地展现出来，方便作者进行调试。

6. 积木区

积木区有九类一百多块常用的命令积木，Scratch 就是用它们编制程序，设置角色或背景，这九种积木类分别为运动、外观、声音、事件、控制、侦测、运算、变量以及自制积木。

四、制作"小猫学穿越"动画

1. 脚本分析

制作"小猫学穿越"动画，需要先进行故事分析，得到故事的动画流程，然后按照流程设计动画程序，我们在本节要设计的动画程序的具体流程如下：

① 小猫出现在舞台左下角。

② 小猫一直向右走，穿越卧室来到草地。

③ 小猫从草地左下角一直向右走，从草地穿越到太空。

④ 小猫从太空穿越回卧室，不停循环。

⑤ 每当小猫碰到画面边缘的时候就会发出猫叫的声音。

让小猫穿越三个不同背景的动画，需要用到添加角色，添加舞台背景，使用移动、外观、声音积木类中命令积木搭建程序驱动舞台背景、角色、声音，完成编程任务。Scratch 编程就像讲故事一样有趣，和枯燥的代码编程完全不同。

2. 操作过程

① 添加三张舞台背景图片并排列好顺序。单击背景区中的白色背景，此时 Scratch 编程界面左侧出现"背景"选项卡的标签，单击该标签，进入"背景"选项卡，界面中出现背景编辑区，如图 1.2 所示。

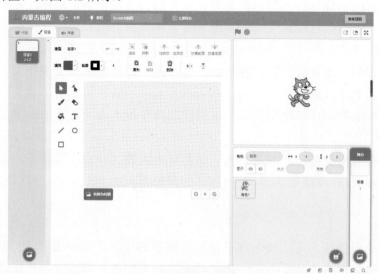

◉ 图 1.2

② 单击"选择一个背景"按钮⬛，打开"选择一个背景"页面，如图 1.3 所示。选择"Bedroom 3"背景，载入这个背景，该背景出现在背景编辑区左侧。

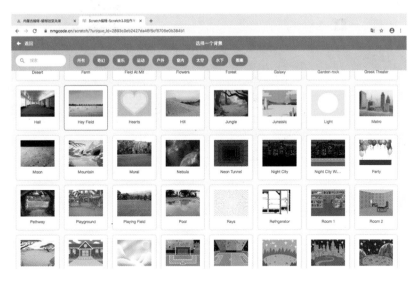

◉ 图 1.3

③ 用同样的方法载入"Hay Field"和"Galaxy"背景。单击白色背景右上角的"垃圾箱"图标，删除白色背景，结果如图 1.4 所示。

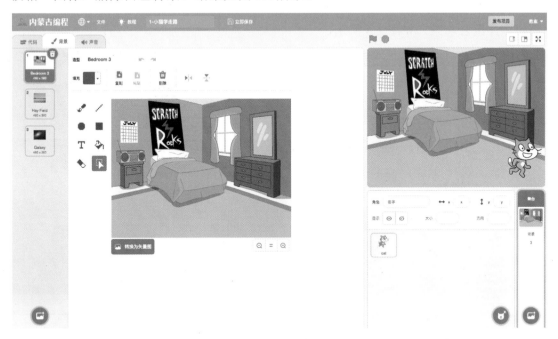

◉ 图 1.4

④ 用鼠标把小猫移到舞台左下角，可以看到此时"背景"选项卡切换为"造型"选项卡，在该选项卡中显示小猫角色有两个造型，如图 1.5 所示。

◎ 图 1.5

⑤ 单击"代码"选项卡的标签，进入"代码"选项卡，在事件积木类中选择 积木，把它拖入脚本区，在运动积木类中把 移到 x: -165 y: -104 、 面向 90 方向 积木拖入脚本区，并按照顺序组合起来，如图 1.6 所示。

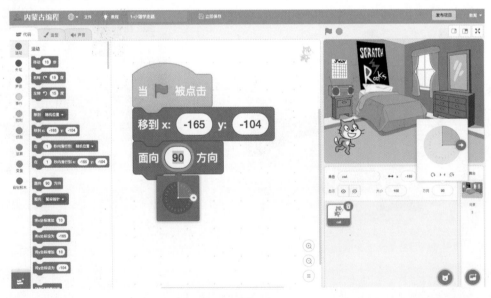

◎ 图 1.6

⑥ 要让小猫角色被单击时，快速向右奔跑，且每跑 10 步就换一个造型，需在事件积木类、控制积木类、外观积木类、运动积木类中把有关的命令积木拖入脚本区，并按照顺序组合起来，得到如图 1.7 所示的结果。

◉ 图 1.7

📚 知识窗

① 动画与电影、电视一样，都是利用了人眼的"视觉暂留"原理。所谓"视觉暂留"，是说人的眼睛看到一个画面或一个物体后，在 1/24 秒内不会消失。利用这一原理，在一幅画还没在视觉中消失前，播放与本画面相近的一幅画，就会给人造成一种连续变化的感觉。

② 积木是可以执行循环命令的积木，把其他命令积木嵌入这个积木中，运行程序执行到该积木时，将重复执行嵌入在这个积木当中的积木。例如，图 1.8 的左图所示的命令积木，可以用图 1.8 的右图所示的命令积木代替，代表无限循环地执行切换造型与移动的命令。如果找到程序中重复部分的规律，就可以很好地利用"重复执行"积木设计出循环结构的程序，从而简化程序。

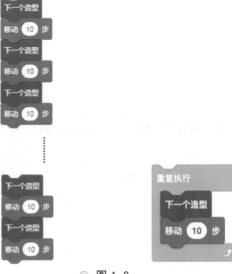

◉ 图 1.8

⑦ 当小猫跑到舞台边缘时，让小猫移动到起点位置，并且切换舞台背景，就可以实现小猫穿越的效果。从控制、侦测、移动、外观积木类中，拖出如图 1.9 的左图所示的积木，并按图 1.9 的右图所示重新组合各命令积木。

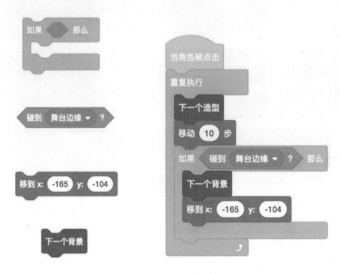

◉ 图 1.9

📚 知识窗

如果...那么 积木是可以执行条件命令的积木，可以把其他命令积木嵌入到这个积木中，运行程序执行到该积木时，如果当前的状态满足参数框中的参数给出的条件，则执行嵌入在这个积木当中的积木；否则，跳过整个积木，继续执行其后的积木。在第⑦步中新组合的语句的意思是：如果小猫碰到舞台边缘，那么就切换为下一个背景，小猫移动回起点的位置。

⑧ 单击舞台区上方的 ⚑ 按钮，再单击小猫，小猫就会穿越了，如图 1.10 所示。

◉ 图 1.10

⑨ 从声音命令积木类中，拖出 播放声音 喵 积木，放到 如果...那么 积木中，重新排列积木，如图 1.11 所示，就能让小猫碰到舞台边缘时发出"喵"的叫声了。

◎ 图 1.11

⑩ 保存作品。输入文件名"小猫学穿越",如图 1.12 所示,再单击  。

◎ 图 1.12

用同样的思路设计可以穿越的汽车、飞机等场景。

第 2 节　奇妙的海底世界

1. 进一步熟悉 Scratch 编程平台,理解程序三大控制流程。
2. 学习并掌握运动积木类中的"将旋转方式设置为()"积木 <kbd>将旋转方式设为 左右翻转 ▾</kbd> 的用法。
3. 学习并掌握运动积木类中的"碰到边缘就反弹"积木 <kbd>碰到边缘就反弹</kbd> 的用法。
4. 学习并掌握外观积木类中的"说()()秒"积木 <kbd>说 你好! 2 秒</kbd> 的用法。
5. 学习如何用控制积木类中的"等待()秒"积木 <kbd>等待 1 秒</kbd> ,控制等待时间。
6. 学会并掌握侦测积木类中的"碰到()"积木 <kbd>碰到 Shark ▾ ?</kbd> 的用法。
7. 学会使用多分支控制积木类中的"如果…那么…否则…"积木 <kbd>如果 那么 否则</kbd> 的用法。

一、情景导入

海底世界充满了神秘色彩，是孩子们向往的地方，鱼儿在海里自由游弋，不时发出各种声音。本节我们将潜入奇妙的海底世界，与鱼类朋友来一次亲密接触。我们可以给鱼儿编写一些程序，让它们自由地游来游去。

二、制作"奇妙的海底世界"动画

海底世界都有什么呢？闭上眼睛想象一下海底世界是什么样的，搭建海底世界场景需要什么背景、什么角色，有什么动画以及音乐效果。

根据想象的海底世界的情景，先把鱼类角色与海底世界的背景添加到舞台中。

1. 添加鱼类角色

进入 Scratch 的在线编程环境。在界面中，单击角色区小猫角色右上角的"删除"按钮，删除小猫角色。

单击角色区右下角的"选择一个角色"按钮，打开"选择一个角色"页面，该页面中显示 Scratch 提供的角色库，查找并添加 Shark 和 Fish 两个角色，如图 2.1 所示。

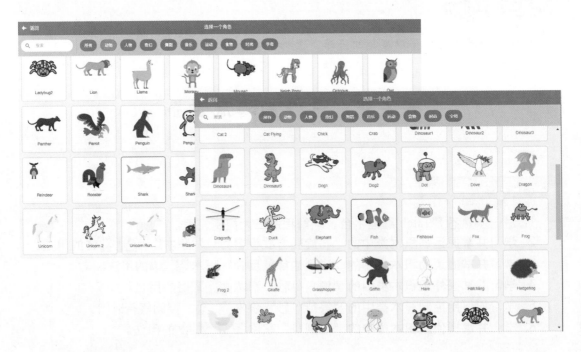

◎图 2.1

添加好鱼类角色的效果如图 2.2 所示。

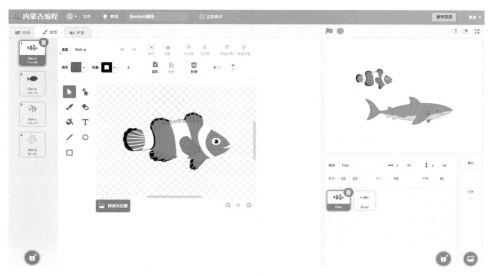

◉ 图 2.2

知识窗

打开角色库后，可以看到角色库里面预置了动物、人物、奇幻、舞蹈、音乐、运动、食物、时尚和字母等非常丰富的角色。

角色库中有的角色有多个造型，有的角色只有一个造型。将鼠标指针移到某个角色上时，角色的边框呈蓝色，让鼠标指针多停留一会儿，如果该角色有多个造型，就会逐一显示各个造型。

可以根据实际设计需求选择是否包含多个角色的造型，拥有多个造型的角色可以在脚本中添加切换造型积木实现造型的切换。

2. 添加舞台背景

在背景区下方单击"选择一个背景" ![按钮] 按钮，打开背景库。选择两张背景图，分别是"Underwater 1"和"Underwater 2"。

知识窗

背景库中有非常丰富的背景素材，分为奇幻、音乐、运动、户外、室内、太空、水下、图案类。如果觉得程序提供的背景满足不了创作需求，还可以上传照片等图片素材到素材库中使用。

3. 删除多余的背景

单击背景区，使其变为选中状态。可以发现添加了两个图片背景后，在背景编辑区的左侧有三个背景。如图 2.3 所示，其中第一个系统默认的"背景 1"背景在本例中没有作用，所以可以删除它。在背景列表中选择"背景 1"背景，单击"删除"按钮 ![删除]，删除该背景。注意：如果单击背景区，积木区上方会出现"背景"标签；如果选择某个角色的话，相应位置上会出现"造型"标签。

◉ 图 2.3

4．为 Fish 角色编写程序

编写程序，使舞台中 Fish 角色被单击后，不停地往前游动，同时切换成不同的造型。

在编程界面左上角选择"代码"选项卡，在角色区中选中 Fish 角色，在事件积木类中选择 ![积木] 积木，在控制积木类中选择 ![积木] 积木，在运动积木类中选择 移动 10 步 积木，在外观积木类中选择 下一个造型 积木，将这些积木拖入脚本区，按照如图 2.4 所示的结构组合，即可实现当 Fish 角色被单击后重复切换造型并向前移动的效果。

◉ 图 2.4

单击小鱼测试效果，可以发现小鱼的造型切换得太快，无法看清楚每一个造型的特色，所以需要让小鱼的造型切换得慢一些。因此在切换造型后，用控制积木类中的 等待 1 秒 积木，让每个造型都保持 1 秒钟的时间，如图 2.5 所示。

◎ 图 2.5

知识窗

把切换 Fish 角色的造型的等待时间设置为 1 秒后,可以发现 Fish 造型切换得太慢了,动画效果非常卡顿。由于计算机运行速度非常快,每秒钟运算高达上亿次。因此,计算机中经常会用到比秒更小的单位。毫秒是比秒还小的时间单位,1秒＝1000 毫秒。如果需要程序等待的话,填写的时间通常是以毫秒为单位的。

在 Scratch 中的时间单位是秒,因此可以用零点几秒代表几百毫秒,用零点零几秒代表几十毫秒。在视频通话时如果通话延迟低于 300 毫秒的话,通话就会比较流畅,否则会给人卡顿和延迟的感觉。

将等待时间设置为 0.2 秒,也就是 200 毫秒,小鱼在切换下一个造型时的速度变快了,动画视觉效果也更流畅了。

5. 让 Fish 角色碰到舞台边缘原路返回

① Fish 角色在碰到舞台边缘后,会一直在边缘徘徊并试图向前移动,怎样才能让小鱼返回来呢?需要用到运动积木中的 碰到边缘就反弹 积木来实现,使用该积木可以使角色碰到舞台边缘以后向相反方向旋转后再游动,如图 2.6 所示。

◎ 图 2.6

② 在添加  碰到边缘就反弹 积木后，小鱼碰到舞台边缘后反弹回来了，但是小鱼的肚子却朝天了，这个问题是由于旋转方式引起的，Scratch 提供的旋转方式有两种，分别为"任意旋转"和"左右翻转"，当小鱼遇到边缘反弹时，采用了"任意旋转"方式，只要把小鱼的旋转方式设置为"左右翻转"就可以纠正这个问题。在运动积木类中找到 将旋转方式设为 左右翻转 积木，把它拖到脚本区并组合进程序，如图 2.7 所示，再次运行程序，小鱼就可以在海底世界里正常地游动了。

6. 给小鱼增加声音效果

在声音积木类中找到 播放声音 bubbles 积木，把这个积木添加到"重复执行"积木中，如图 2.8 所示，海底世界就有潺潺的流水声了。

7. 会说话的小鱼

海底世界充满了危险。大家知道，鱼是天生的近视眼，小鱼 Fish 在海底世界游动时最怕碰到它的天敌鲨鱼 Shark。我们给小鱼编写侦测鲨鱼的程序，如果小鱼碰到鲨鱼，小鱼就会说："快跑"，并持续 0.1 秒，否则说："没鲨鱼"，并持续 0.1 秒。

依次在控制、侦测、外观积木类中找到 如果 那么 否则 、 碰到 鼠标指针 ? 、 说 你好! 2 秒 ，把

碰到 鼠标指针 ? 改为 碰到 Shark ? ，并按照图 2.9 所示的结构进行组合，小鱼在碰到鲨鱼时会说"快跑"，没碰到鲨鱼时会说"没鲨鱼"。由于该条件积木嵌套在"重复执行"积木里，所以小鱼在不停地游动时，会不断地侦测是否碰到鲨鱼。

◉ 图 2.7

◉ 图 2.8

◉ 图 2.9

测试一下动画效果，可以发现小鱼突然变聪明了，它好像有了触觉一样，会不停地说出自己的感觉，效果如图 2.10 所示。

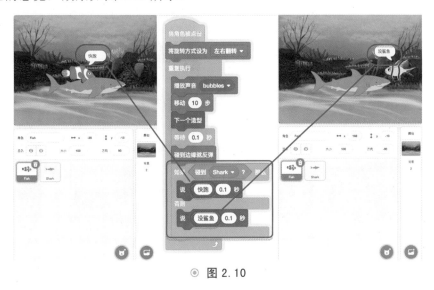

◎ 图 2.10

在编写小鱼的程序时，把一组多分支结构的程序放在"重复执行"积木中循环执行，一条小鱼就有了"触觉"，变得聪明了，这就是程序的魅力。

积木是 Scratch 中的双分支结构控制命令。该结构的程序首先进行一个条件判断：如果条件为"真"，就执行第一个分支中的程序；如果条件为"假"，就执行第二个分支中的程序。在本例中，如果小鱼碰到了鲨鱼，就会执行第一个分支中的程序，小鱼会说"快跑"并持续 0.1 秒；否则，就会执行第二个分支中的程序，小鱼会说"没鲨鱼"并持续 0.1 秒。

积木是 Scratch 中的侦测积木，这个扁六边形的积木用来作为判断条件，它返回一个"真"或"假"值，这样的值属于编程语言中的布尔值。通常与条件命令语句组合使用，经常用在分支结构和条件循环结构当中。

8. 迟缓的鲨鱼

小鱼已经变聪明了，可是鲨鱼好像搁浅了一样，没有动静。现在，我们要用最快的速度让鲨鱼游动起来。怎样才能快速拖动这么多积木到鲨鱼角色的代码区呢？可以用复制代码的方式把小鱼的代码迅速复制到鲨鱼身上。

首先，选择小鱼的代码，然后将其拖动到角色区鲨鱼的身上，松开鼠标后，复制操作便完成了，如图 2.11 所示。

如果程序中不同角色呈现的效果大致相同，可以通过复制代码的方式实现快速编程。复制代码的操作可以把编程者从繁重的重复性工作中解脱出来。

◎ 图 2.11

　　调整鲨鱼的代码，改变移动的步数，让鲨鱼的移动速度变慢，修改鲨鱼的多分支结构的条件为"碰到 Fish"，改变鲨鱼的语言，具体设计如图 2.12 所示。这样设计程序后，鲨鱼也可以游动并说话了，我们的程序就变得更有趣味了。

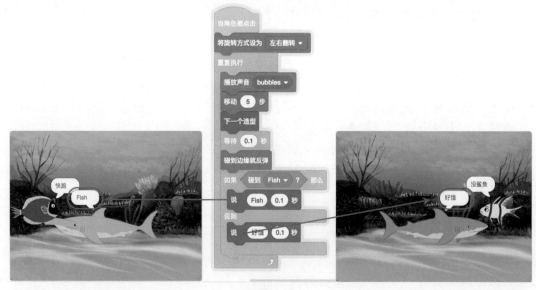

◎ 图 2.12

三、保存作品

　　在"内蒙古编程"平台的菜单栏中输入作品名称"奇妙的海底世界"，然后单击 立即保存 按钮即可将作品保存到在线平台，如图 2.13 所示。使用离线版 Scratch 的读者可以将作品保存到电脑中。

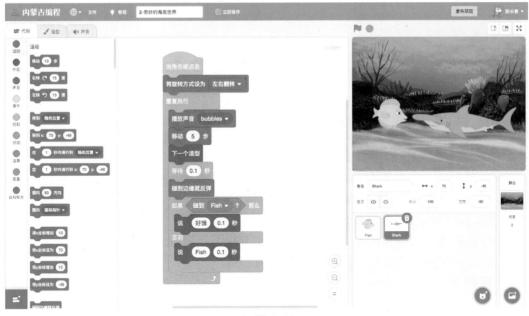

◉ 图 2.13

拓展任务

　　在熟练掌握本节的知识后，可以继续扩展"奇妙的海底世界"程序。例如，小鱼碰到舞台边缘的时候，就会说"进入新水域"，切换海底世界的背景，参考程序如图 2.14 所示。也可以在此程序的基础上增加更多有趣的角色和脚本。

◉ 图 2.14

第 3 节　神奇的画笔

 学习目标

1. 学习扩展积木中画笔积木的常用功能。
2. 学习 Scratch 中绘图工具的使用方法。
3. 学习复制造型和复制角色的方法。
4. 学会使用多分支结构配合鼠标单击的事件编写画笔程序。
5. 掌握"换成（）造型" 换成 button2-a ▾ 造型 积木的用法。
6. 掌握无限循环、双分支结构的嵌套用法。

 学习过程

一、情景导入

Scratch 中除了有常规的 9 大类积木外，还有丰富的扩展积木。本节我们使用扩展积木中"画笔"积木类编程，制作一个简易的画图程序。

Windows 自带的"画图"程序的界面我们都已经非常熟悉了。分析这个程序可知，一个简易的画图程序，需要有一张白纸、一支笔、一块橡皮，还要有调色盘。

二、绘制角色，布置舞台

1. 添加铅笔角色
① 在角色区中删除小猫角色。
② 单击角色区中的"选择一个角色"按钮 🐱，打开"选择一个角色"界面，选中 Pencil 角色 ✏，把它添加到角色区中。

2. 添加 Button2 按钮角色 ⬭
Button2 按钮角色有多个造型，将鼠标指针指向这个角色，会逐一显示该角色的多个造型。

3. 添加并调整文字
① 添加文字。在角色区选中"按钮"角色。单击 ✏造型 标签，进入"造型"选项卡。在左侧的工具栏中选中"文本"工具 T，输入"清除"，如图 3.1 所示。

② 改变文字大小。选中左侧工具栏中的"选择"工具 ，把鼠标指针移动到文字上单击，文字周围会被蓝色的控制框包围 。选中任意控制点拖动即可调整文字大小，如图 3.2 所示。

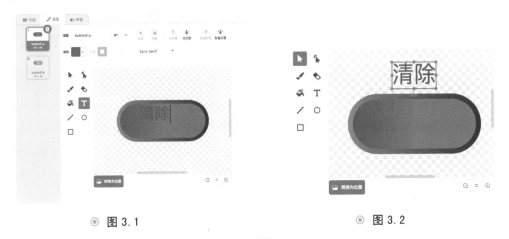

◎ 图 3.1 ◎ 图 3.2

③ 改变文字位置。选中"选择"工具 ，把鼠标指针指向文字中心拖动文字，将文字放置于按钮中心的位置，如图 3.3 所示。

④ 改变文字颜色。单击选择文字 ，单击上方工具栏中的"填充"工具 ，打开调色盘，调整"颜色""饱和度""亮度"参数，把文字调整为白色，如图 3.4 所示。

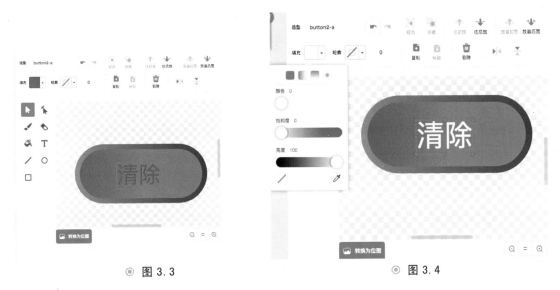

◎ 图 3.3 ◎ 图 3.4

知识窗

色彩有三个属性：颜色、饱和度、亮度。颜色指红、橙、黄、绿、青、蓝、紫等，在最好的光照条件下，我们的眼睛大约能分辨出 180 种颜色。饱和度指色彩的鲜艳程度，也称为色彩的纯度，在所有可视的颜色中，红色的饱和度最高，蓝色的饱和度最低。亮度指色彩的明暗程度，不同颜色的亮度不一样，在所有可视颜色中，黄色的亮度最高，紫色、蓝紫色的亮度最低。

4. 组合并调整按钮造型

单击"选择"工具，在画布中拖动鼠标指针，框选按钮和文字元素。单击绘图工具栏上方的"组合"按钮，将文字与按钮组合在一起，形成一个整体。然后将组合后的按钮调整到合适的大小，如图3.5所示。

◉ 图3.5

知识窗

同一个造型可以包含多个元素，各个元素作为独立的个体存在。本例中的按钮也由两个元素组成。我们可以通过"组合"按钮，把多个元素组合成一个对象，这样就可以把多个元素作为一个整体来调整大小、位置了。组合后的图形可以通过"拆散"按钮解除组合。

5. 复制、删除按钮造型

① 复制造型。在按钮造型列表里，找到已经添加好文字的按钮造型"button2-a"，在该造型上右击，在弹出的菜单中选择"复制"命令，即可复制出一个按钮造型来。系统自动把它命名为"button2-a2"。

② 删除多余造型。选择按钮的造型"button2-b"，单击该造型右上角的"删除"按钮，即可删除一个造型，如图3.6所示。

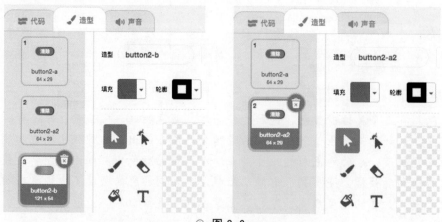

◉ 图3.6

6. 更改按钮造型 "button2-a2" 的颜色和大小

单击按钮造型 "button2-a2"，调整按钮中间部分的图形填充色为黄色；用 "选择"工具将按钮的蓝色图形调大一点，如图 3.7 所示。

给角色设置不同造型的目的是为了通过程序实现动画交互效果。给按钮编写程序的时候会用到这两个造型。

◉ 图 3.7

7. 绘制调色盘

① 绘制色块。将鼠标指针移到角色区右下角的 "选择一个角色" 按钮上，在弹出的列表中单击 "绘制" 按钮，单击 "圆" 工具，在 "填充" 框中设置颜色为 "粉色" ，设置 "轮廓" 为 "无" ，拖动鼠标绘制一个圆形的色块角色，如图 3.8 所示。

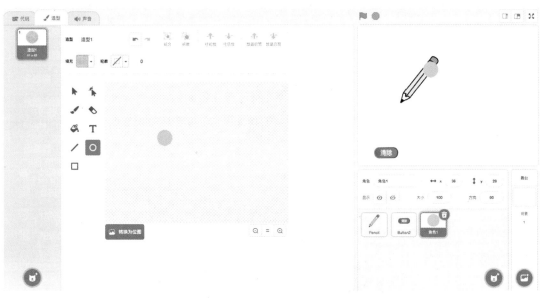

◉ 图 3.8

② 修改色块角色名称。选择角色区中的 "角色 1" ，在角色属性栏 中修改角色名称属性值为 "粉" ，使色块的颜色与角色名称相对应，方便编程时调用，如图 3.9 所示。

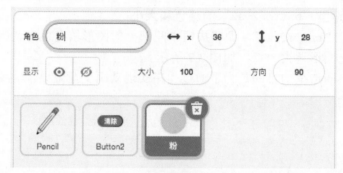

◉ 图 3.9

③ 调整色块中心点的位置。在绘图区域中将画布放大后会发现有一个灰色的十字与圆圈交叉的画布中心点标记 。

在绘图时，还要设置好角色造型的中心点位置。通过移动角色造型元素的位置，可以改变造型的中心点。造型的中心点是角色的坐标中心，角色属性和运动积木都是以角色的中心点为坐标。

选择并拖动色块，把色块的中心移动到画布的中心，使色块的圆心与画布的中心重叠，如图 3.10 所示。

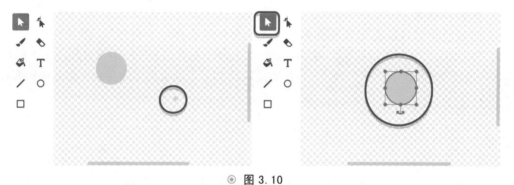

◉ 图 3.10

④ 复制色块，修改颜色及角色名称。右击色块角色，在弹出的快捷菜单中单击 复制 命令，复制出 5 个色块角色，把各色块角色的颜色分别设置为紫、黄、蓝、绿、红，并让色块角色的名称与颜色对应起来，如图 3.11 所示。

◉ 图 3.11

⑤ 调整铅笔、清除按钮、色块这些角色的位置。把铅笔、清除按钮、色块角色调整到图 3.12 所示的位置。

◉ 图 3.12

8. 添加橡皮角色

① 将"Button3"从角色库添加到舞台中。

② 修改角色名称为"橡皮"。

③ 旋转橡皮"造型 1"。在画布中框选橡皮角色"Button3"图形,确保把两个元素全部选中。单击旋转控制点 ,拖动该控制点即可旋转橡皮图形,如图 3.13 所示。

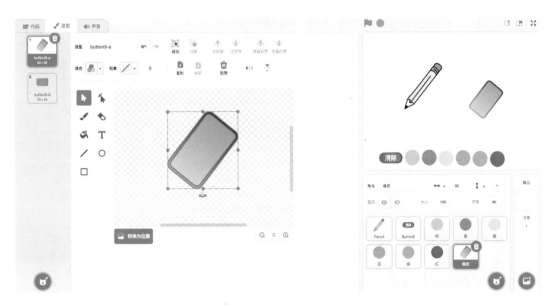

◉ 图 3.13

④ 调整橡皮角色大小和位置。在角色区上方的角色属性里,将"大小"调整为 50 大小 50 。这里的大小属性值是一个百分比,代表调整后角色大小相对于调整前角色大小的百分比。50 代表调整后的角色大小是原来角色大小的 50%。将橡皮移动到红色色块右侧。

知识窗

有两种调整角色大小的方式。第一种是通过绘图工具修改造型图形的大小；第二种是调整角色大小的属性值。这两种方式各有优点。第一种调整方式操作比较复杂；第二种相对简单，可以方便地看到修改后的比例，也可以通过命令积木，用程序调整角色大小，这种调整方式更灵活。

三、编写程序

1. 选择画笔扩展积木

打开 Scratch 平台，在积木区下方单击"添加扩展"按钮 ▦，打开"选择一个扩展"界面，单击"画笔"扩展，"画笔"积木类被添加到积木区中，如图 3.14 所示。

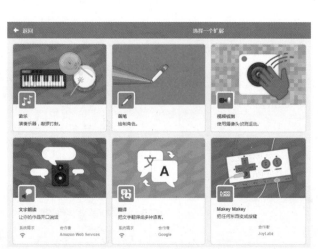
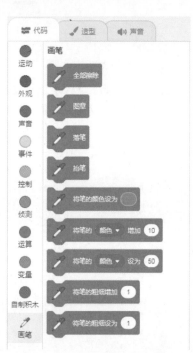

◉ 图 3.14

2. 编写铅笔的程序

① 程序分析。在"画图"软件中，当按下鼠标左键时，相当于落笔，当松开鼠标左键时，相当于抬笔。画笔积木类给我们提供了最基本的抬笔 ▰抬笔、落笔 ▰落笔、设置颜色 ▰将笔的颜色设为、设置画笔粗细 ▰将笔的粗细设为 ① 以及全部擦除 ▰全部擦除 等命令积木。

② 编写程序。模拟现实生活中绘画的步骤，选中铅笔角色编写代码。将双分支选择结构放在重复执行命令积木中，设置侦测判断条件为"鼠标按下" ▰按下鼠标?。如果条件成立，即鼠标被按下了，那么就执行"落笔" ▰落笔，否则执行"抬笔" ▰抬笔，如图 3.15 所示。

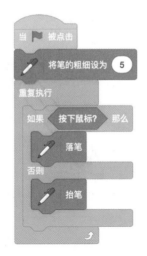

◉ 图 3.15

③ 测试程序。按照设计思路搭建好积木后，单击 🚩 按钮运行程序，发现铅笔角色并没有跟随着鼠标移动，也没有出现抬笔、落笔的效果，这是为什么呢？出现这一问题的原因：一是，铅笔角色没有跟随鼠标指针移动；二是，鼠标是否按下没有明显的视觉效果，观察不到。

为此进一步修改程序。首先，在重复执行的程序段里添加移动积木类中的"移到（）"积木 移到 随机位置▼ ，在下拉列表中选择 鼠标指针 项；然后在"按下鼠标"条件成立后发出落笔的声音。这样就可以使画笔可以跟随鼠标指针移动，并且当鼠标按下的时候发出提示音。实际运行进行测试，如图 3.16 所示。

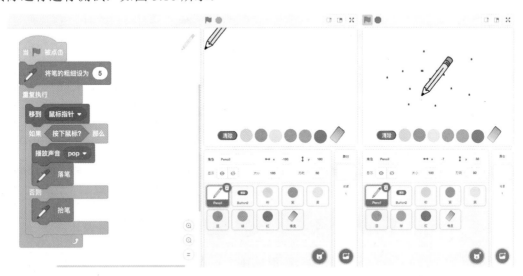

◉ 图 3.16

通过运行测试，可以发现新的问题：一是，铅笔绘制的线条不是从笔尖部分流出的；二是，按下鼠标后，鼠标指针移动的轨迹并没有形成连续的线条。

铅笔绘制的线条从铅笔的笔杆部分出现的原因是铅笔角色的中心点没有对齐笔尖，通过修改中心点可以修正这个错误。

选择铅笔角色，在画布中移动铅笔图形，让画笔的笔尖正对画布的中心点，如图 3.17 所示。

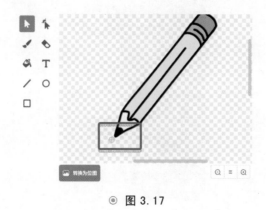

◎ 图 3.17

对于按下鼠标拖动铅笔时没有绘制出连续线条的问题，可以通过单击舞台区右上角的全屏模式按钮 ⌗ 运行程序解决问题。

知识窗

　　Scratch 程序在全屏模式下运行是程序发布后的最终运行效果，在非全屏模式下运行时，程序处于可编辑状态，它不是最终发布后的运行效果。

　　调整后，单击绿旗 🏳 按钮，运行程序。单击画笔就可以在舞台区顺利地画出流畅的线条了，如图 3.18 所示。

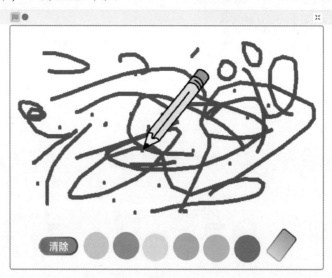

◎ 图 3.18

3. 编写"清除"按钮的程序

① "清除"按钮的作用是，当"清除"按钮被按下时，播放声音并执行"全部擦除"命令，擦除舞台上的所有笔迹，程序如图 3.19 所示。

◎ 图 3.19

测试程序，可以发现当单击"清除"按钮时，并没有发挥清除作用，这说明没有触发"清除"按钮的"当角色被点击"事件。

知识窗

在执行图 3.15 所示的程序时，鼠标指针下面始终有一个角色遮挡住了鼠标指针，这样鼠标指针就无法与其他角色接触了，造成其他角色无法获取与鼠标相关的事件，导致程序错误，如图 3.20 所示。

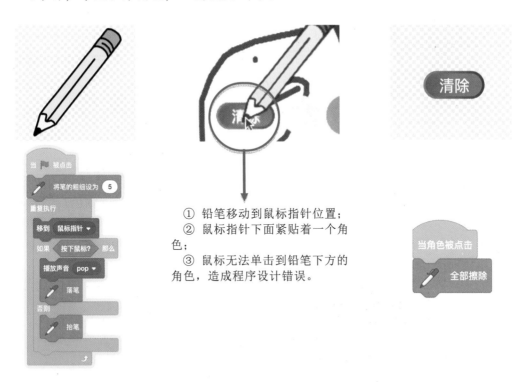

① 铅笔移动到鼠标指针位置；
② 鼠标指针下面紧贴着一个角色；
③ 鼠标无法单击到铅笔下方的角色，造成程序设计错误。

◎ 图 3.20

通过修改铅笔中心点的方法，将铅笔笔尖与角色中心点拉开一点距离，如图 3.21 所示。这样铅笔移动到鼠标位置的时候就不会遮挡鼠标指针的单击操作了。

◉ 图 3.21

② 编写按钮动画交互程序。我们希望单击清除按钮角色时，除了可以清除笔迹外，还能显示出交互操作的效果。当单击按钮后，按钮会有被按下的动画效果。添加外观积木类中的 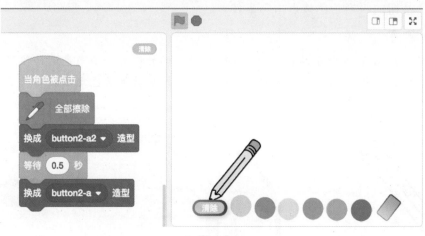 命令，可以实现切换造型的效果，修改后的程序如图 3.22 所示。

◉ 图 3.22

4. 改变铅笔颜色的程序

让铅笔碰到相应的色块之后触发"将笔的颜色设置为" 命令，可以把铅笔的颜色设置为对应色块的颜色。要想把色块的颜色准确地设置为铅笔的颜色，需要在调色盘里使用"吸管"工具，准确地吸取颜色，如图 3.23 所示。

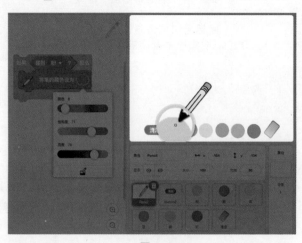

◉ 图 3.23

用同样的方法可以为铅笔设置很多颜色，将铅笔拾取颜色的代码全部放置到重复执行命令积木中。运行程序测试效果，如图 3.24 所示。

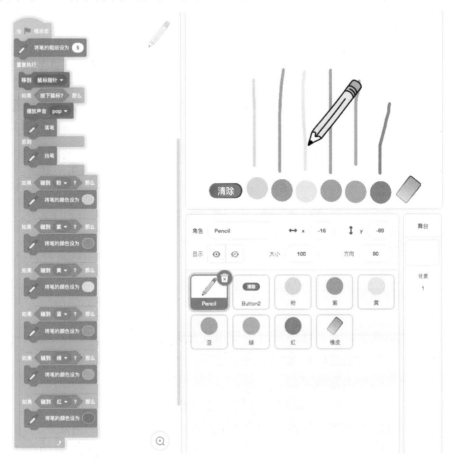

◉ 图 3.24

四、使用程序绘制一幅小猪佩琦漫画

使用我们编写的程序，发挥创意绘制一幅以小猪佩琦为主题的漫画作品，如图 3.25 所示。

◉ 图 3.25

1. 编写程序，实现橡皮擦除效果，程序思路及范例如下。

可以通过给铅笔设置白色实现橡皮的擦除效果。给铅笔设置白色的程序，如图 3.26 所示。

2. 用自己编写的绘图程序绘制一幅卡通画。

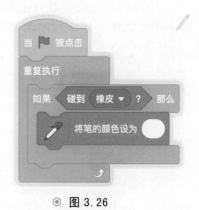

◉ 图 3.26

第 4 节 探索通道

1. 了解变量的概念，会在程序设计中使用变量存储数据。
2. 进一步学习设计造型时的绘制图形的功能。
3. 掌握复制代码和角色的方法。
4. 使用运动积木类中面向 面向 90 方向 进行初始化设置。
5. 学习并掌握侦测积木类中的"按下()键"积木 按下 空格 ▼ 键? 的用法。
6. 学习并掌握运算积木类中的"()与()"逻辑与运算积木 与 的用法。
7. 学习并掌握侦测积木类中的"碰到颜色()？"积木 碰到颜色 ● ? 的用法，进行颜色触碰判断。
8. 掌握移动模块类中"移到 x:()y:()"积木 移到 x: -100 y: 37 、"将 x 坐标增加()"积木 将x坐标增加 10 和"将 y 坐标增加()"积木 将y坐标增加 10 的用法，初步理解并运用负数进行反方向移动的设置。
9. 综合使用多种程序流程结构解决实际问题。

一、情景导入

小猫与甲虫都是探索通道的高手，小猫比较听话，能在键盘的操控下走过通道，甲虫可以通过自己的触角探索着走过通道。让我们来比一比谁走过通道的速度更快吧。

二、制作探索通道程序

1. 绘制通道背景

① 运行 Scratch，删除小猫角色。单击背景区"选择一个背景"按钮，在弹出的菜单中单击 绘制 按钮，程序界面切换到"背景"选项卡，如图 4.1 所示。

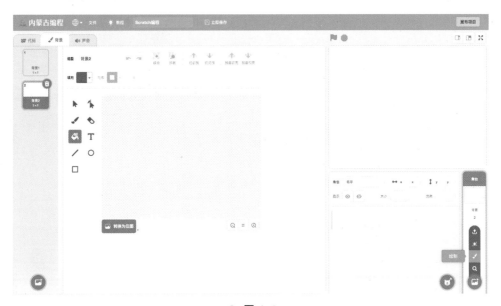

◎ 图 4.1

② 在背景列表中选择默认的 "背景 1" 背景，单击"背景 1"右上角的"删除"按钮，删除该背景。

③ 绘制灰色背景。选择"矩形"工具，设置填充色为灰色，设置轮廓色为同样的灰色，轮廓宽度设置为默认。在绘图区域拖动鼠标绘制一个灰色的色块，如图 4.2 所示。

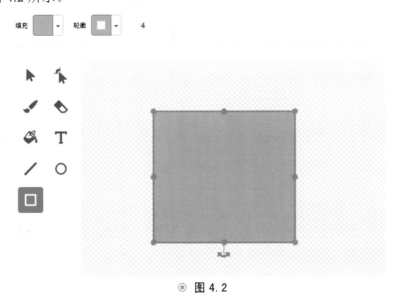

◎ 图 4.2

④ 调整色块大小，覆盖整个画布。用"选择"工具选择色块并调整其大小，使其充满整个舞台，效果如图 4.3 所示。

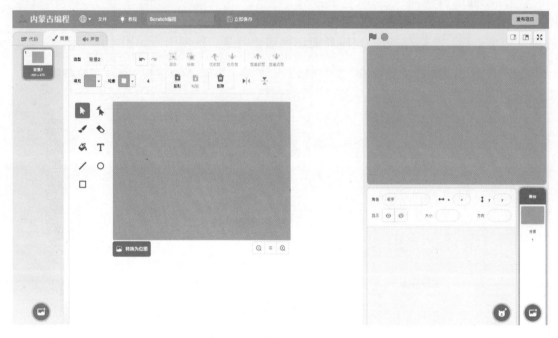

图 4.3

⑤ 绘制通道。选择"画笔"工具 🖌，设置填充色为白色 填充 □▾，设置笔头大小为 🖌 66 ，在舞台中绘制白色的通道，如图 4.4 所示。

⑥ 绘制通道的起点和终点。选择"矩形"工具 □，在画布中绘制一个正方形，如图 4.5 所示。

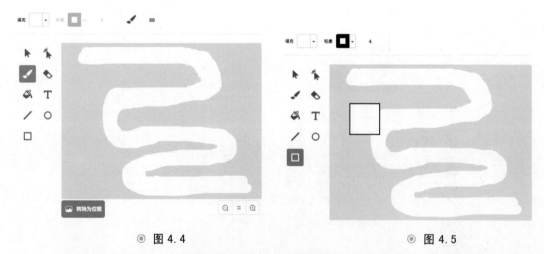

◉ 图 4.4　　　　　　　　　　　　　◉ 图 4.5

⑦ 选择填充工具 🪣，设置填充颜色为蓝色 填充 ■▾，轮廓色为默认 轮廓 ■▾，轮廓宽度为默认 4 ，单击画出的正方形，为其填充颜色，如图 4.6 所示。

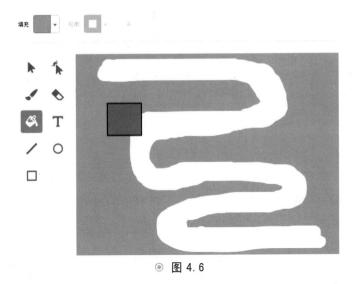

◎ 图 4.6

⑧ 复制并移动正方形。使用"选择"工具 ▶ 单击正方形，将其选中；单击上方工具栏中的"复制"按钮 🖥，接着单击"粘贴"按钮 🖥，蓝色正方形就被复制了一份。再次使用选择工具 ▶ ，把两个正方形分别移动到通道左上角和右下角的位置，如图 4.7 所示。

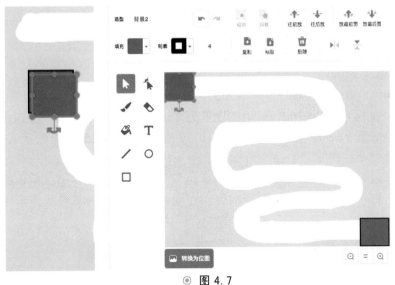

◎ 图 4.7

2. 添加角色，调整造型

① 从系统自带的角色库中添加爬行的小猫"Cat2"和甲虫"Beetle"角色。

② 复制并修改小猫造型。在角色区选择小猫"Cat2"角色，进入"造型"选项，在"造型"列表复制一个小猫造型，系统自动把该造型命名为"Cat3"。小猫是由一个个拆散的图形组成的。我们可以使用"选择"工具选择、移动和旋转小猫的第二个造型"Cat3"，使其呈现出四肢伸展的状态，如图 4.8 所示。

造型 1 默认效果　　　　造型 2 组成图形　　　　造型 2 调整后的效果

造型 Cat2　　　　　　造型 Cat3　　　　　　造型 Cat3

◎ 图 4.8

③ 复制并修改甲虫造型，用同样的方法调整甲虫的造型，如图 4.9 所示。

造型 1 默认效果　　　　造型 2 组成图形　　　　造型 2 调整后的效果

 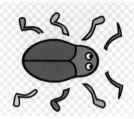 

造型 Beetle　　　　　造型 Beetle2　　　　　造型 Beetle2

◎ 图 4.9

为小猫和甲虫添加造型的目的是在编程的时候设置动画效果。

3. 舞台布局

设置角色属性。在角色区中选中"Cat2"，在角色属性面板中把大小设置为 30，方向设置为 90，x 坐标设置为-200，y 坐标设置为 150。用同样的方法，把 Beetle 的大小设置为 50，方向设置为-90，x 坐标设置为 210，y 坐标设置为-150。角色默认全部显示。在舞台中随机添加一些树木"Tree"角色，如图 4.10 所示。

提示：制作过程中要根据实际情况设置角色属性，要求小猫和甲虫角色的身体要小于隧道的宽度，把小猫和甲虫角色分别放置在左上角和右下角的蓝色正方形中。

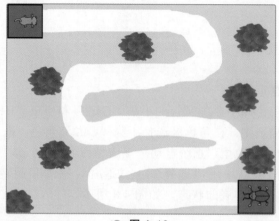

◎ 图 4.10

在角色区选择一个角色后，可以快速对角色的名称、坐标位置、是否显示、大小以及方向等属性进行初始化设置。也可以使用命令积木对这些属性进行动态设置，角色最终在程序中呈现的外观和位置等参数，是可以通过程序动态调节的。

角色大小可以通过属性面板或命令积木进行调整。例如：角色属性面板中的"大小" 大小 100 这个属性对应"外观"积木类中的"将大小设为()"积木 将大小设为 100 。如果想让角色变大，就设置为大于 100 的值，如果想让角色变小，就设置为小于 100 的值。

Scratch 中控制角色角度的命令是"面向()方向" 面向 90 方向 。Scratch 中角色的方向类似于钟表，0 度指向正上方，90 度指向 3 点钟方向(右侧)，180 度为指向正下方。从 0 度开始，顺时针旋转得到的角度为正数，逆时针旋转得到的角度为负数，如图 4.11 所示。

◉ 图 4.11

4. 给小猫编写程序

① 小猫初始化。依次找到事件积木类中的"当▉被点击"、运动积木类中的"移到 x：() y：()""面向(90)方向"积木，按顺序组合起来，初始化小猫的位置和方向。每次单击▉按钮后，小猫就会面向指定方向，回到指定的位置，如图 4.12 所示。

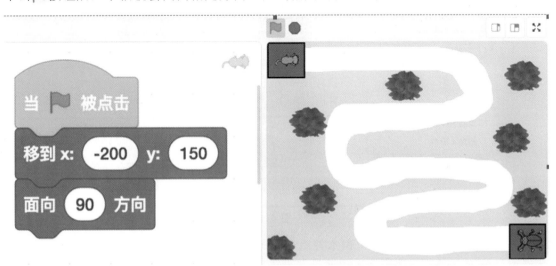

◉ 图 4.12

② 可以用键盘上的方向键控制小猫向右移动。在控制、侦测、运动、外观积木类中找到如图 4.13 的左图中所示的积木并组合起来，这段代码的作用是，单击 ▶ 按钮后，对小猫进行初始化后，重复执行分支结构中的命令，实现按键控制小猫移动的效果。每当按下键盘上向右的方向键后，小猫都会向右移动一个单位。

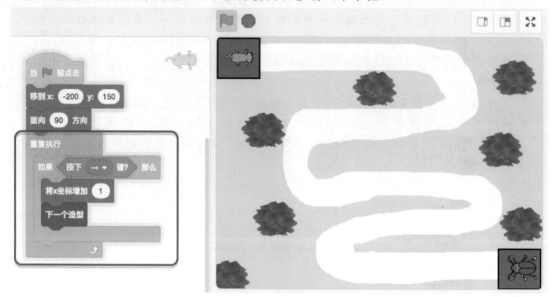

◎ 图 4.13

③ 用键盘方向键控制小猫上、下、左、右移动。右击"如果…那么…"积木，在弹出的快捷菜单中选择"复制"命令，将复制出来的积木设置到重复执行的"如果…那么…"积木下方，如图 4.14 所示。

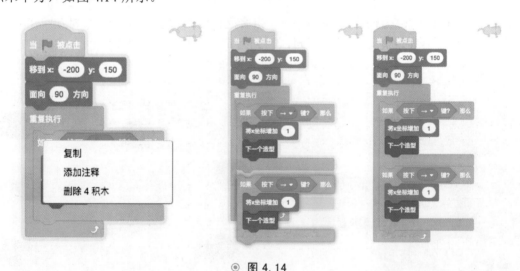

◎ 图 4.14

复制 3 份"如果…那么…"积木并组合在一起，修改各个参数，如图 4.15 所示。编写好这部分指令后，小猫就会在按键盘向上、向下、向左、向右方向键的驱动下，自由地移动了。

◉ 图 4.15

知识窗

在 Scratch 中，存在一个以舞台的中心点为原点的直角坐标系，如图 4.16 所示。当 x 坐标的增加值为正数的时候，角色水平向右移动；x 坐标的增加值为负数，角色水平向左移动；当 y 坐标的增加值为正数，角色向上移动；y 坐标的增加值为负数，角色向下移动。

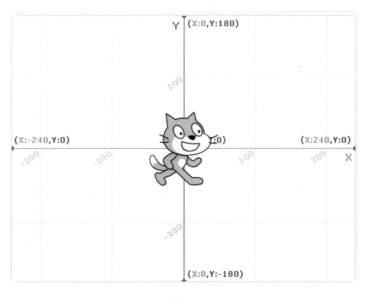

◉ 图 4.16

④ 用键盘控制小猫转身。在程序中，我们不但要让小猫向上、向下、向左、向右移动，还要让小猫灵活地转身。我们可以使用运算积木类中的"逻辑与运算"积木 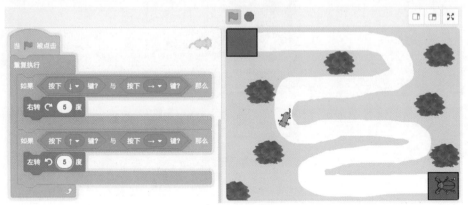，侦测是否同时按下两个按键，如果同时按下两个方向键（如向下和向右方向键或向上、向右方向键），那么运算的结果为真，就执行条件分支的旋转命令，如图4.17所示。现在小猫既可以向上、向下、向左、向右移动，又可以向左、向右转弯了。

◉ 图4.17

⑤ 给小猫设置障碍物。如果对小猫的运动不加限制的话，它就会脱离通道，随便穿越了。我们需要给小猫设置好障碍，不允许小猫进入灰色的墙壁内。给小猫设置障碍后，如果侦测到小猫触碰到了灰色的墙壁，就让它回到起点。这里需要用到侦测积木类中的"碰到颜色（）"积木。单击积木中表示颜色的部分，将打开调色盘，可以按图4.18所示单击吸管工具，然后将鼠标指针移动到舞台中，这时会出现一个圆形的吸取范围，将圆的中心点对准要吸取的颜色单击，就可以把这个颜色设置在"碰到颜色（）"积木中了。

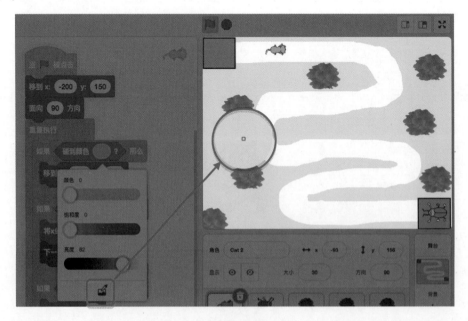

◉ 图4.18

把这个积木作为分支结构的条件，当条件为真，就执行运动积木类中的 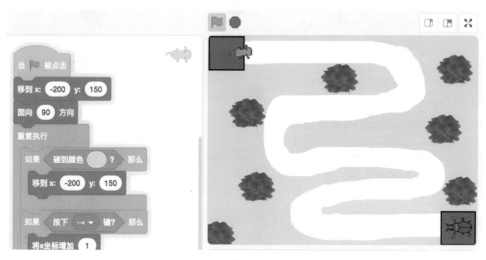 积木。将分支结构放到"重复执行"积木内，每次小猫碰到灰色后，都会被移动到起点的位置，如图 4.19 所示。

◎ 图 4.19

⑥ 设置记录小猫生命值的变量。在积木区选择"变量"积木类，单击"新建立一个变量"项，将新变量命名为"生命"，选中"仅适用于当前角色"，如图 4.20 所示。

◎ 图 4.20

⑦ 编写程序，将"生命"变量的值初始化为 10，小猫每次触碰到灰色部分就减去 1 条生命，如图 4.21 所示。

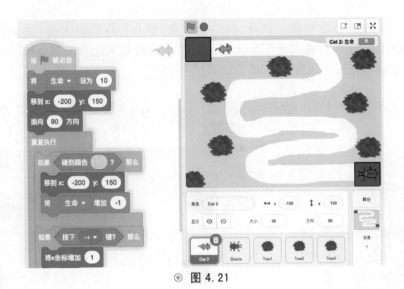

◎ 图 4.21

　　为小猫编写的完整的程序如图 4.22 所示。小猫有两段 ▶ 按钮被点击时执行的程序块。这样的设计称为并列执行。单击一次 ▶ 按钮，可以触发小猫的两段程序，这样设计可以更好地规划程序结构，避免程序过长导致的阅读障碍。

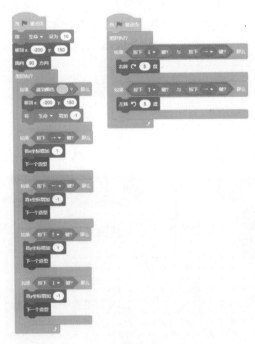

◎ 图 4.22

知识窗

　　在程序运行过程中可以使用变量临时记录不断变化的数据。变量就像人的瞬时记忆一样，用于存放临时数据，可以被刷新。在本节编写的程序中，用"生命"变量，存放小猫变化的生命值。勾选变量积木前的复选框 ☑生命，可以将变量显示在舞台上。

1. 编写甲虫自动探索通道的程序。

仔细观察甲虫的造型，发现甲虫的前面有两个短腿，如图 4.23 所示。这两个短腿分别为绿色和蓝色。可以用颜色侦测积木来判断甲虫是否碰到了灰色的通道边缘。如果蓝色碰到了灰色，就向左转；如果绿色碰到了灰色，就向右转；如果蓝色和绿色都没碰到灰色，就直行。一直重复进行上述运动，就可以让甲虫自动探索通道并前进了。

根据上述分析，可以编写甲虫的程序，如图 4.24 所示。分支结构里的侦测条件使用了"颜色碰到颜色"积木 ，通过设定两个颜色值进行判断。

在上述程序中，侦测的颜色要与甲虫腿和障碍的颜色完全相符，这需要使用颜色设置中的"吸管"工具。

2. 如果小猫的生命值减到 0，就让程序停止运行，给小猫角色添加如图 4.25 所示的程序段。

◎ 图 4.23

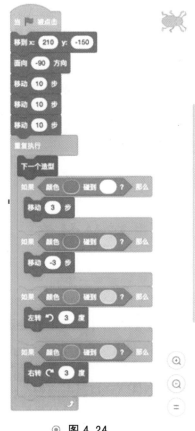

◎ 图 4.24

图 4.25

第5节 小动物学算术

1. 掌握变量的创建、赋值、迭代方法。
2. 巩固外观积木类中"说（）（）秒"积木 说 你好! 2 秒 的用法。
3. 学习扩展积木类中"文字朗读"积木 朗读 你好 的用法。
4. 理解 说 你好! 2 秒 和 朗读 你好 积木的区别。
5. 学习运算积木类中"在（）和（）之间取随机数"积木 在 1 和 10 之间取随机数 的功能。
6. 学习使用侦测积木类中的"询问（）并等待"积木 询问 What's your name? 并等待 进行输入交互。
7. 使用侦测积木类中的 回答 变量，获取用户的输入内容。
8. 学习运算积木类中加法积木 〇 + 〇 的用法。
9. 学习运算积木类中赋值积木 〇 = 50 的用法，进行比较运算。

一、情景导入

黄小猫邀请他的好朋友黄小鸭去家里做客。黄小猫最爱学数学，是个学霸，可是黄小鸭不怎么喜欢学数学，甚至连数数都不太流利。

今天他们两个有不同的学习任务。黄小鸭今天要努力学会从1数到20；黄小猫要给大家出20以内的加法题，如果我们答对了，黄小猫会说："回答正确"，如果答错了，黄小猫会说："回答错误，再来一次"。

二、制作黄小鸭数数的程序

1. 布置背景与角色

① 打开背景库与角色库，找到小猫（角色1）、鸭子（Duck）角色，卧室（Bedroom3）背景，布置好舞台，修改小猫角色造型，如图5.1所示。

② 修改角色名称。将Duck角色的名称改为"黄小鸭"，将"角色1"的名称改为"黄小猫"，如图5.2所示。

◉ 图 5.1

◉ 图 5.2

2. 编写黄小鸭角色被点击事件程序

① 建立一个新变量，命名为"鸭子数数"，勾选该变量前的复选框 ☑ 鸭子数数 ，将该变量显示出来。

② 添加事件积木类中的 当角色被点击 积木，当角色(黄小鸭)被单击后，将"鸭子数数"变量初始化，赋值为"0"。

③ 在外观积木类中选择 说 你好! 2 秒 积木，将积木中的文字改为"我会数数了"。将"鸭子数数"变量的值增加"1"，得到的程序如图 5.3 所示，这样当黄小鸭角色被单击后，就会数出"1"了。

◉ 图 5.3

3. 让黄小鸭从 1 数到 20

在控制积木类中选择计数循环 重复执行 10 次 积木，添加 等待 1 秒 积木，按照图 5.4 所示继续编写程序。现在只要单击一次黄小鸭，它就能自动数到 20 了。

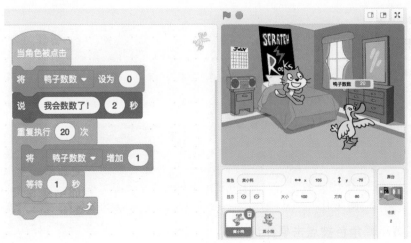

◎ 图5.4

4. 朗读数字

以上的程序只是让黄小鸭数到20，我们还可以修改程序，让黄小鸭一边数，一边把数念出来。

① 要让鸭子发音朗读，需要用到扩展积木中的"文字朗读"类积木，在界面的左下角单击"添加扩展"按钮 ，打开"选择一个扩展"页面，将"文字朗读"积木类添加到积木区中，如图5.5所示。

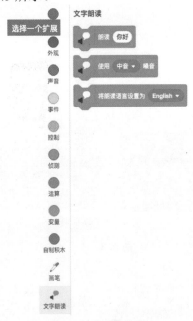

◎ 图5.5

② 将外观积木类中的 积木拖入脚本区，设置时间为"1秒"；将文字朗读积木类中的 积木拖放到脚本区中；并将变量积木类中的 鸭子数数 变量，嵌入这两个积木；在变量积木类中去掉 ✔ 鸭子数数 中的小对号，把"鸭子数数"变量隐藏起来，得到的程序如图5.6所示。再次单击"黄小鸭"，它就可以"说"并"朗读"数字了。

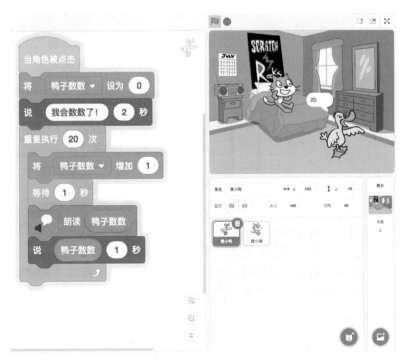

◎ 图 5.6

5. 编写小猫出题的程序

① 新建三个变量。分别命名为 a、b、sum。用变量 a 表示一个加数，用变量 b 表示另一个加数，用变量 sum 表示 a 与 b 的和。勾选变量前面的复选框，这样变量就会显示在舞台上。用 将 我的变量 ▼ 设为 0 积木将变量 sum 的值初始化为 0，如图 5.7 所示。

◎ 图 5.7

② 将变量类积木中的 将 我的变量 ▼ 设为 0 积木与运算积木类中的 在 1 和 10 之间取随机数 积木拖入脚本区，如图 5.8 所示进行设置，让 a、b 变量在 1 到 10 之间分别随机取值。

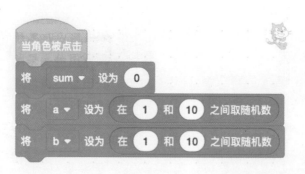

◎ 图 5.8

③ 在侦测积木类中找到"询问（）并等待"积木 询问 What's your name? 并等待 和 回答 积木，把它们拖入脚本区；将"What's your name? "改为"a+b=?"。"询问（）并等待"积木可以获取用户输入的内容并把它存储在 回答 变量里，将 回答 变量的值赋给变量 sum，这样我们每次输入的数字就会传递给变量 sum，如图 5.9 所示。每次当黄小猫被单击后都会绞尽脑汁出题考我们。我们也可以在输入框中输入答案，单击蓝色的"提交"按钮 ✓，把答案提交给变量 sum 保存并显示出来。

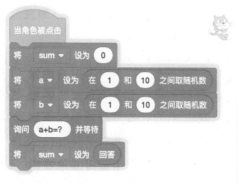

◎ 图 5.9

④ 设置判断条件，判断 a+b 的和是否等于 sum。从变量积木类中找到 a、b、sum 三个变量，在运算积木类中找到加法运算积木、比较运算积木，把它们组装在一起形成一个条件判断，如图 5.10 所示。

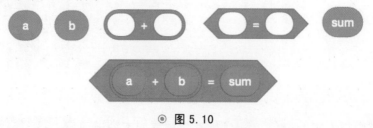

◎ 图 5.10

⑤ 使用"如果…那么…否则…"积木继续编写程序，如图 5.11 所示。如果 a+b=sum 成立，那么黄小猫就朗读"回答正确"；否则就朗读"回答错误"并说"再来一次"。

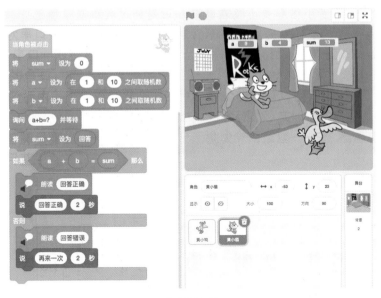

◎ 图 5.11

测试程序，每次单击黄小猫，它都会随机出一道题，并且判断我们是否答对。

拓展任务

1. 让黄鸭子角色学会更多种数数方式，比如数单数，数双数。设计思路如下（参见图 5.12）。

① 数单数：1、3、5、7、9、11、13……第一个输出的数字应该是 1，控制数数的变量每次增加 2。

② 数双数：2、4、6、8、10、12、14……将第一次输出的数字设置为 2，控制数数的变量每次增加 2。

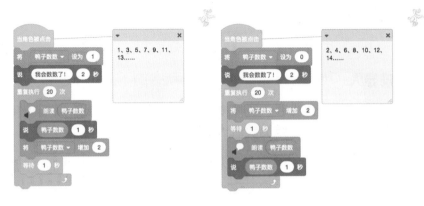

◎ 图 5.12

2. 改编程序，使黄小猫和黄小鸭在数数和出题的过程中显示嘴巴开合的动画效果。

设计思路：动画效果可以通过切换造型实现，首先要进行造型设计，然后再添加切换造型代码实现动画效果，如图 5.13 所示。

◎ 图 5.13

第 6 节　编制"简易电子琴"程序

1. 掌握音乐拓展类积木的使用方法。
2. 掌握"演奏音符（）（）拍"积木 ♪ 演奏音符 60 0.25 拍 的使用方法。
3. 学会"击打（）（）拍"积木 ♪ 击打 (1) 小军鼓 0.25 拍 模拟打击乐器的用法。
4. 学习并列执行的程序设计思路。
5. 将音乐知识运用到程序设计中。
6. 通过编写"简易电子琴"程序，了解交互设计的技巧。

一、情景导入

电子琴音色丰富，表现力强，能模拟其他乐器。本节我们用 Scratch 编制一个简易的电子琴程序，并用这个程序弹奏歌曲"小星星"。

二、绘制琴键

1. 选择背景

打开背景库，选择 Theater 音乐厅背景，如图 6.1 所示。

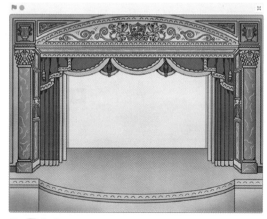

◉ 图 6.1

2. 绘制琴键

钢琴有 88 个键，普通的电子琴一般有 61 个键。在电子琴中，有好几组音阶。"小星星"乐曲只用到键盘中的一组音阶，即按 1、2、3、4、5、6、7 键会响起 do、re、mi、fa、sol、la、si 的旋律，对应键盘的区间如图 6.2 所示。

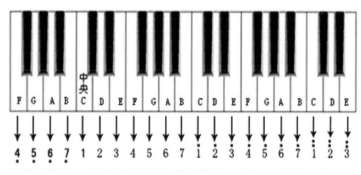

◉ 图 6.2

绘制琴键的步骤如下：

① 在角色区添加一个绘制角色，将该角色命名为"1"，在"造型"选项卡中，用"矩形"工具 ☐ 绘制一个填充色为白色，轮廓色为黑色的矩形，轮廓线的粗细设置为 4，如图 6.3 所示。

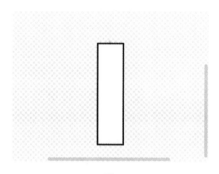

◉ 图 6.3

② 添加造型。复制造型 1 为造型 2，使用"变形"工具将造型 2 的形状修改为梯形，使用"填充"工具为其填充从上到下、由白到灰的渐变色。使角色 1 在切换造型的时候呈现琴键被按下的状态，如图 6.4 所示。

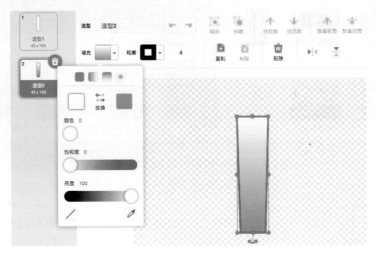

◎ 图 6.4

三、编写琴键的程序

编写程序实现以下功能：在琴键被鼠标单击后会切换到造型 2，产生琴键被按下的视觉效果；琴键被按下后会发出声音；当松开鼠标后，琴键造型自动切换为造型 1。步骤如下。

① 添加音乐积木类。单击"代码"选项卡左下角的"添加扩展"按钮 ，在"选择一个扩展"页面中选择"音乐"积木类，如图 6.5 所示。

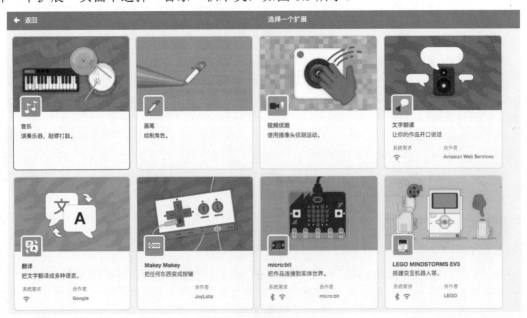

◎ 图 6.5

② 为琴键编写程序，实现以下功能：当角色被单击后切换下一个造型；演奏 1(do)音符；之后切换为造型 1。需要说明的是，Scratch 把音符用数字按 0~132 编号，1 音符对应的序号是 60，如图 6.6 所示。

◎ 图 6.6

③ 给琴键添加第二组代码。当 🏳 按钮被单击后，把琴键切换为造型 1，设置琴键的位置；重复执行以下操作：如果按下键盘上的"1"键就弹奏音符 60，0.25 拍，把琴键切换为按下状态的造型；等待 0.1 秒，切换为抬起状态的造型 1，如图 6.7 所示。

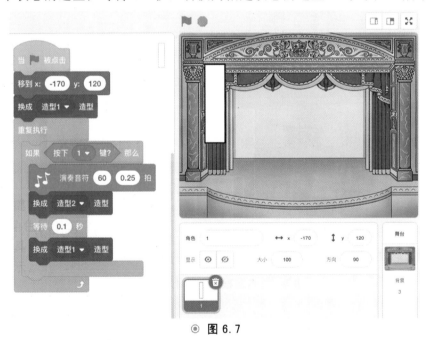

◎ 图 6.7

四、批量复制琴键

1. 制作其他琴键

复制琴键角色并按 2、3、4、5、6、7 重新命名各复制的琴键，设置每个琴键角色的角色名称、键盘按键、演奏音高、位置等参数，各琴键角色的参数依次调整为表 6.1 所示的数值。

表 6.1　各琴键角色的相关属性

角色名称		1	2	3	4	5	6	7
键盘按键		1	2	3	4	5	6	7
演奏音高		60	62	64	65	67	69	71
位置	x	-170	-130	-90	-50	-10	30	70
	y	120	120	120	120	120	120	120

调整完成后的舞台布局及 7 键的程序如图 6.8 所示。

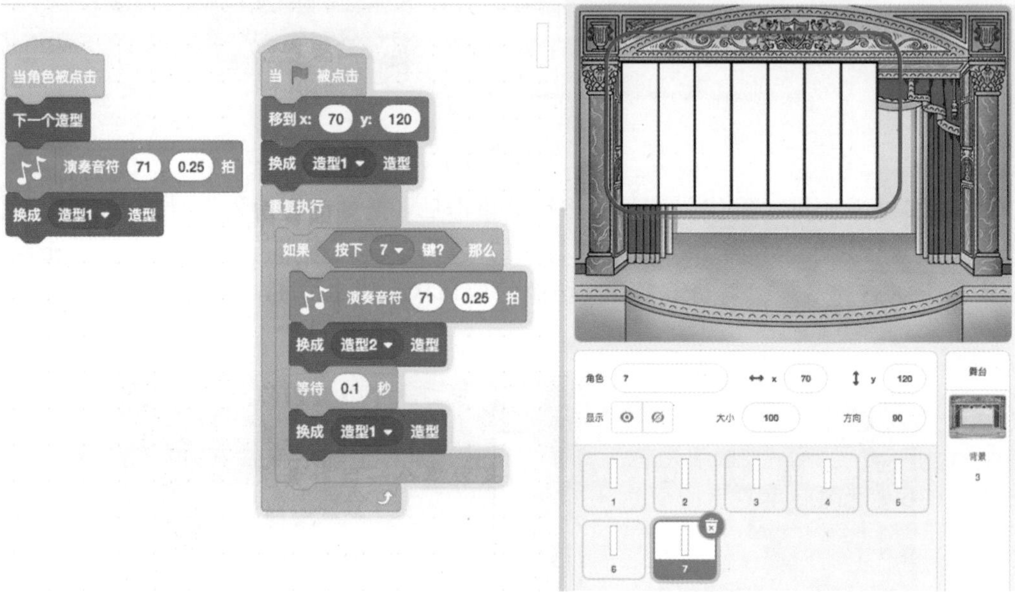

◉ 图 6.8

2. 制作黑键

首先复制一个白键，进入"造型"选项卡，调整其颜色和高度；然后，将造型 1 的颜色设置为黑和白的过渡色；最后将黑键复制 5 个，并调整到相应的位置。5 个黑键的各相关参数如表 6.2 所示。

表 6.2　各黑键角色的相关属性

角色名称		8	9	10	11	12
位置	x	-150	-110	-30	10	50
	y	120	120	120	120	120

调整后效果如图 6.9 所示。

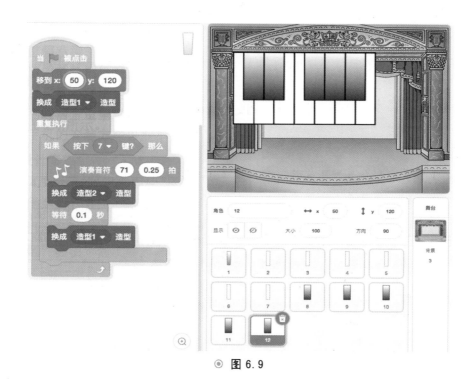

◎ 图 6.9

五、添加节奏效果

在角色区添加"Drum Kit"架子鼓角色，为架子鼓角色编写实现打击乐的程序。

单击"Drum Kit"架子鼓角色，在该角色的代码区编写"当角色被点击"事件的程序，添加动感节奏"动次达次"，每当角色被单击后，都会播放动感节奏，如图 6.10所示。

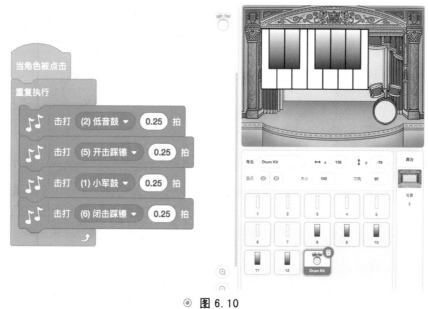

◎ 图 6.10

六、音乐演奏

按照乐谱尝试弹奏歌曲《小星星》，和其他同学一起哼唱这首歌，乐谱如下。

小星星

$1=C\frac{4}{4}$

佚名 词曲

1 1 5 5 | 6 6 5 - | 4 4 3 3 | 2 2 1 - | 5 5 4 4 | 3 3 2 - |

一闪一闪　亮晶晶，　满天都是　小星星。　挂在天上　放光明，

5 5 4 4 | 3 3 2 - | 1 1 5 5 | 6 6 5 - | 4 4 3 3 | 2 2 1 - ‖

好像许多　小眼睛。　一闪一闪　亮晶晶，　满天都是　小星星。

拓展任务

1. 调整参数，编写黑色琴键的程序。
2. 编写一个自动弹奏《小星星》的音乐程序。
① 添加一个人物角色"Avery"。
② 添加自动演奏的程序。

前两小节演奏程序如图 6.11 所示。

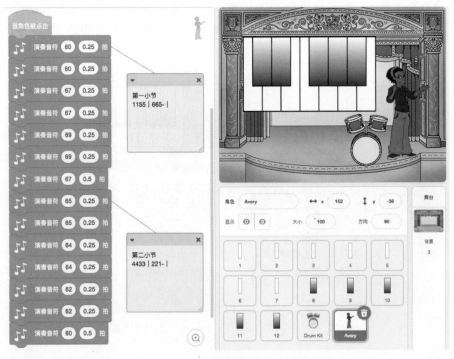

◎ 图 6.11

3. 美化键盘，如图 6.12 所示。

① 从素材库上传或自己绘制电子琴琴身造型。

② 给琴身编写程序，使其位置固定，并且处于琴键下方。

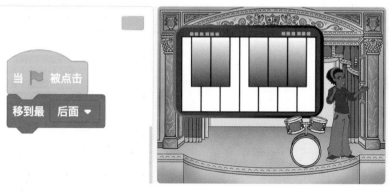

◎ 图 6.12

第 7 节　会说话的时钟

学习目标

1. 掌握在造型中导入图片的方法。
2. 掌握运动积木类中的 "面向（）方向" 积木 面向 90 方向 的用法。
3. 熟练使用数学运算积木进行加减乘除四则混合运算。
4. 掌握外观积木类中 "移动到（）" 积木 移到最 前面 ▼ 、 移到最 后面 ▼ 的用法。
5. 学会使用侦测积木类中的 "当前时间的（）" 积木 当前时间的 时 ▼ 、 当前时间的 分 ▼ 、
   当前时间的 秒 ▼ 的用法。
6. 掌握运算积木类中字符串连接积木 连接 ○ 和 ○ 的用法。
7. 掌握运算积木类中取余数积木 ○ 除以 ○ 的余数 的用法。

学习过程

一、情景导入

考试时，有些同学没戴手表，为了让同学们准确掌握考试时间，老师用教室里的计算机编写了一个 Scratch 钟表程序，帮助同学们计时。

二、任务分析

① 观察钟表的表盘、时针、分针、秒针、刻度。表盘大多数是圆形的，秒针一秒转一个角度，转一圈需要 60 秒；分针转一圈需要 3600 秒；时针需要的时间更长。

② 制作表盘和指针。

③ 设置时、分、秒针的动画效果。

三、编写钟表程序

1. 上传钟表表盘图片

在角色区中，单击"选择一个角色"按钮🐻，在弹出的列表中单击"上传角色"按钮🔼，在弹出的"打开"对话框中上传一张表盘图片，生成一个角色，如图 7.1 所示。

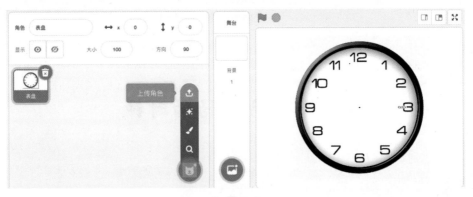

◉ 图 7.1

2. 绘制时针、分针、秒针以及螺丝新角色并重新命名所有角色

在绘制过程中需要注意的是，时针、分针与秒针都按水平方向绘制，且造型中心点在左端，如图 7.2 所示。将来指针旋转的时候以造型中心点为轴心进行旋转。

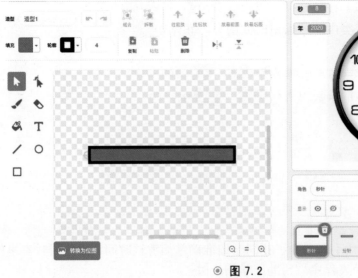

◉ 图 7.2

3．编写秒针的程序

①　计算秒针每秒旋转的角度。观察秒针不难发现，秒针在钟表的指针中最长，最轻便，处于最前方。表盘一周是 360 度，秒针转一周是 360 度,每秒钟转 360÷60=6(度)。

②　获取计算机系统当前秒的数值，让秒针正好指向计算机系统当前时间指向的位置。用 Scratch 的侦测积木类中的系统变量"当前时间的(秒)" 当前时间的 秒 ▾ 可以获取到这个值。在变量前面勾选即可将变量 ☑ 当前时间的 秒 ▾ 显示在舞台区中，如图 7.3 所示。

◉ 图 7.3

③　得到系统时间后，就能方便地计算出秒针指向的方向，只要把"当前时间的(秒)"乘以 6，就可以得到秒针应该指向的角度，用 面向 当前时间的 秒 ▾ * 6 方向 表示。编写秒针的运行程序，如图 7.4 所示。

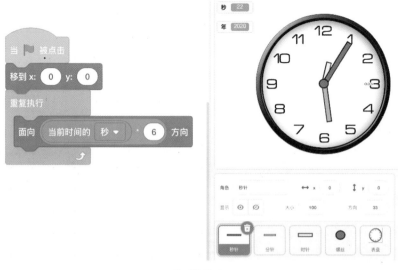

◉ 图 7.4

4. 编写分针的程序

① 计算分针每秒旋转角度。分针一分钟旋转 6 度。用系统当前时间"分"的数值乘以 6 就可以获得分针应该指向的方向了。不过，由于分针不像秒针一样跳动旋转，而是平滑旋转，因此分针每一秒钟旋转 6/60 度。

② 编写程序。分针面向的角度是"当前时间的(分)"乘以 6，再加上"当前时间的(秒)"除以 60 的商再乘以 6，这里运用了乘法、除法、加法混合运算，程序如图 7.5 所示。

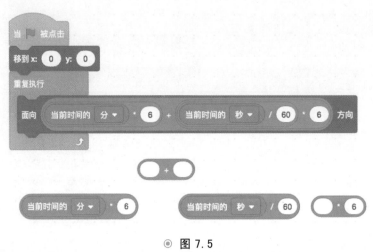

◎ 图 7.5

5. 编写时针的程序

① 分析时针指向角度。时针比较特殊，每小时旋转 30 度。时针面向的角度是"当前时间的(时)"乘以 30 再加上"当前时间的(分)"除以 60 的商再乘以 30。

由于获取到系统的"当前时间的(分)"是一个 24 小时制的时，需要把获取到的时转换为 12 小时制的时。我们可以用除以 12 求余数的方式来得到这个结果。

例如：20÷12=1……8，因此 20 时可以转换为晚 8 时。

② 编写程序。时针面向的角度是"当前时间的(分)"除以 12 求得的余数乘以 30，加上"当前时间的(分)"除以 60 的商再乘以 30，程序如图 7.6 所示。

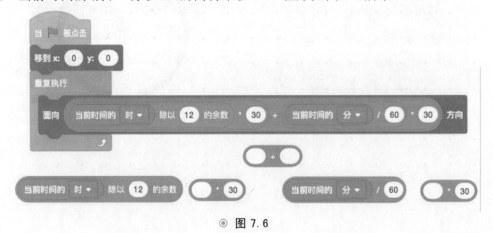

◎ 图 7.6

6. 制作表盘报时程序

① 使用运算积木类中的连接字符串的积木 ，将"现在时刻"字符串与当前的时、分、秒连接起来，如图 7.7 所示。

◎ **图 7.7**

② 把运算结果放入"朗读"积木中读出来，即可实现报时的效果，程序如图 7.8 所示。

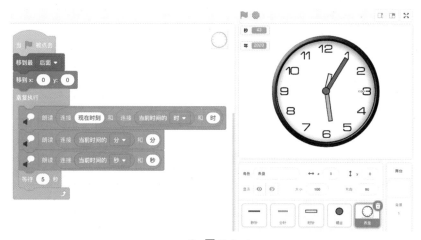

◎ **图 7.8**

7. 给螺丝角色编写程序

编写程序使该角色在运行时始终处于舞台最上层，用它覆盖时、分、秒针的结合部位，程序如图 7.9 所示。

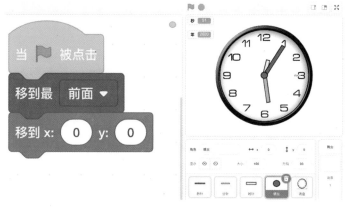

◎ **图 7.9**

给钟表增加数字计时功能，在舞台上显示数字时钟，如图 7.10 所示。

◎ 图 7.10

第 8 节　在阿尔泰游乐园吹泡泡

学习目标

1. 学会使用扩展积木中的视频侦测类积木 视频侦测。
2. 学会使用控制积木类中的"克隆（）"积木 克隆 自己 、"当作为克隆体启动时"积木 当作为克隆体启动时 、"删除此克隆体"积木 删除此克隆体 。
3. 学会使用"在（）秒滑行到 x:（）y:（）"积木 在 1 秒内滑行到 x: -240 y: 180 。
4. 学会使用"将大小设为（）"积木 将大小设为 68 。
5. 学会使用外观积木类中的"将（）特效设定为（）"积木 将 虚像 特效设定为 20 ，设置图像效果。
6. 学会使用侦测积木类中的响度积木 响度 进行互动的编程。
7. 学会使用运算积木类中的比较运算积木 ○ > 10 。

学习过程

一、情景导入

夏天去阿尔泰游乐园散步，在游乐园里吹泡泡玩真有趣。你们想玩吗？今天，我们用 Scratch 编写一个吹泡泡程序，让自己和泡泡互动起来。

二、设置背景创建角色

1. 新建舞台背景，导入阿尔泰游乐园背景图片

在背景区单击"选择一个背景"按钮，在弹出的列表中单击"上传背景"按钮，选择阿尔泰游乐园的背景图片上传到舞台背景中。进入"背景"选项卡，调整图片的大小和位置，让图片放大显示，删除其他背景，结果如图 8.1 所示。

◎ 图 8.1

2. 绘制吹泡泡工具角色

在角色区单击"选择一个角色"按钮，在弹出的列表中单击"绘制"按钮，进入"角色"选项卡。首先，用"圆形"工具绘制一个实心圆形，然后用"橡皮"工具把中间部分擦掉，形成一个圆环；再用"矩形"工具绘制两个长方形；最后，用白色画笔给圆环和手柄绘制白色高光，结果如图 8.2 所示。

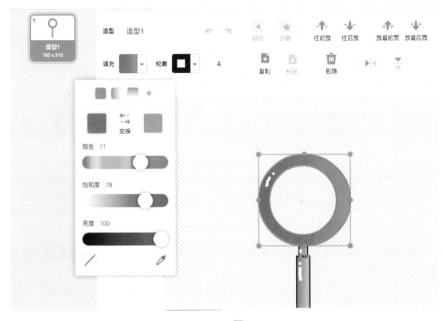

◎ 图 8.2

3. 绘制泡泡

再新建一个泡泡角色。首先，用"圆形"工具绘制一个窄边框的实心圆；然后，用"选择"工具选中实心圆，填充渐变色；最后，用画笔绘制白色高光，如图 8.3 所示。

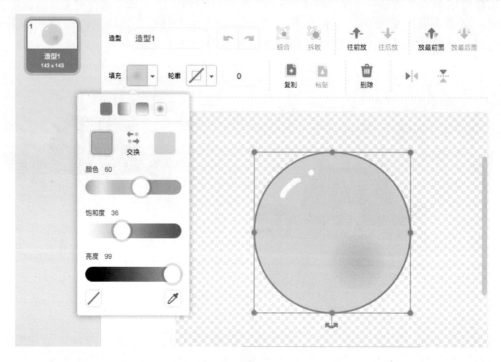

◉ 图 8.3

三、为吹泡泡工具角色编写程序

① 添加"视频侦测"扩展积木类，如图 8.4 所示。

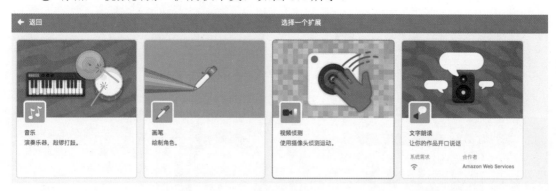

◉ 图 8.4

② 使用开启摄像头 积木，将视频透明度设置为 60% ，露出舞台上的阿尔泰游乐园背景图。

③ 让吹泡泡工具角色跟随鼠标指针移动并重复执行吹泡泡工具的程序，如图 8.5 所示。

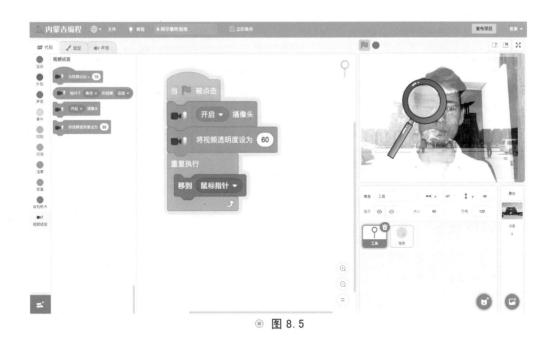

◉ 图 8.5

四、为泡泡角色编写程序

① 在外观积木类中选择将泡泡角色的大小设定为 68% 将大小设为 68 ，将虚像特效设定为 20% 将 虚像 ▾ 特效设定为 20 。

② 重复执行移动到积木命令 移动 工具▾ ，这样泡泡就会跟随工具进行移动。

③ 在侦测积木类中选择响度变量积木 响度 ，"响度"系统变量可以侦测到计算机设备麦克风声音的大小。将"响度"变量前面勾选 ☑ 响度 ，使该变量数值显示在舞台上。

④ 增加判断条件。如果响度大于 50，那么调用"克隆自己"积木 克隆 自己▾ ，使得在条件达成后克隆出新的泡泡，这样就可以让泡泡变多，程序如图 8.6 所示。

◉ 图 8.6

⑤ 用"当作为克隆启动时"积木 当作为克隆体启动时 作为触发条件，改编 在 1 秒内滑行到 x: -233 y: 180 积木，构成如图 8.7 所示的程序，完成以下功能：让克隆体在 1~3 秒内随机移动到屏中心附近的范围内；逐渐缩小泡泡克隆体，造成视觉上飞远的效果；如果泡泡碰到舞台边缘就让它反弹回来，然后删除克隆体。这样克隆体就会在变小飘远之后消失。

◎ 图 8.7

五、最终效果

在制作过程中要测试摄像头、麦克风，保证设备运转正常。编写这个程序时，最好使用笔记本计算机。本节重点是克隆积木的灵活运用，相信大家自己制作的吹泡泡作品也一定非常炫目。最终效果如图 8.8 所示。

◎ 图 8.8

使用"克隆"工具为舞台添加飘动上升的气球，如图 8.9 所示。

◎ 图 8.9

第 9 节　听话的小狗

学习目标

1. 学会使用运动积木类中的"在()秒滑行到 x:() y:()"积木 。
2. 学会使用控制积木类中的条件循环积木 。
3. 学会使用广播消息积木 ［广播 消息1 ▾］与当接收到消息积木 ［当接收到 消息1 ▾］进行程序设计。
4. 学会使用"大小"系统变量积木 ［大小］。
5. 了解"停止（脚本）"积木 ［停止 全部脚本 ▾］的用法。

学习过程

一、情景导入

一天，小猫和小狗在森林里玩耍。小猫突然发现了远处森林里有一处神秘的古堡，便狂奔过去。小狗听到了小猫的呼唤声后，也小心翼翼地跟了过去。

二、设置舞台背景与角色

① 选择舞台背景，导入如图 9.1 所示的 Castle2 森林古堡背景图片，作为舞台的背景。

② 导入如图 9.2 所示的 Dog2 小狗角色。

Castle 2

◉ 图 9.1

Dog2

◉ 图 9.2

三、给小猫编写程序

给小猫编写程序，完成以下功能。

① 当单击 ▶ 按钮后，将小猫的外观放大为 150%，让小猫移动到起点位置，然后让小猫在舞台上沿着小路的边缘移动到古堡门口，如图 9.3 所示。

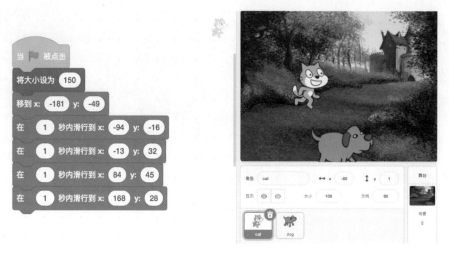

◉ 图 9.3

② 让小猫在执行图 9.3 所示的程序时同步执行说出台词，如图 9.4 所示。

◉ 图 9.4

③ 让小猫边说边用语音读出台词，并广播"快过来吧"消息，如图 9.5 所示。

◉ 图 9.5

Scratch 中有"广播（消息）"积木  与"当接收到（消息）"积木
，下面解释它们的用法。广播二字在我们日常生活中常用，通过广播可以
传递声音消息。如学校广播下课的消息后，接收到消息的同学们就可以进行课外
活动了。在 Scratch 中，使用广播和接受消息机制可以在不同的角色和背景间传
递消息。在 Scratch 中可以广播多条不同的消息，不同的角色和背景可以通过接
收消息来执行相应的程序，实现复杂的编程。

④ 让小猫角色渐行渐远。在这一步中小猫一边移动，一边说台词，一边缩小，给人
一种越走越远的感觉。在动画片中大量使用这样的效果，利用近大远小的透视原理设计
出空间感。

在控制积木类中选择条件循环积木 [重复执行直到]，这

个积木的作用是根据设定好的条件循环执行某些操作，直
到条件达成（为真）时停止执行。在本案例中，让小猫的形
状不断缩小，当缩小为原来的50%时，停止缩小，程序如
图9.6所示。

◎ 图9.6

在本案例中，小猫角色的运动、外观、朗读程序全部同步执行。同步执行可
以让角色同时完成多个任务，就像人一样，可以边听广播，边进行运动。

四、给小狗编写程序

① 初始化小狗造型。设置小狗的大小为120%，将小狗移动到舞台前方初始位置，
程序如图9.7所示。

② 当小狗接收到小猫广播的消息后，沿着小路右侧小心地走到小猫旁边。程序如图
9.8所示。

◎ 图9.7

◎ 图9.8

③ 编写小狗近大远小的动画程序，如图 9.9 所示。

④ 当单击 🏁 按钮时，同步执行侦测功能。如果小狗碰到小猫发出叫声然后停止这个脚本，程序如图 9.10 所示。 停止 这个脚本▼ 指令的作用就是停止该积木所在的脚本块。

◉ 图 9.9

◉ 图 9.10

拓展任务

为本案例增加以下功能：小猫和小狗走到古堡门口后，商量了一下要不要进去，最后它们一起进入了古堡中。

任务分析：任务中提到了"古堡门口""古堡中"这两个场景，需要添加古堡门口和古堡内部的背景图片，以便在需要的时候通过切换背景来实现场景的转化。切换背景的触发方式为"广播"和"接收"消息；"商量一下"可以通过外观积木编程。首先，当小狗到达小猫的位置后，广播消息"古堡门口"。接收到消息的小猫调整位置和大小，背景接收到消息后进行相应的切换。小猫小狗对话商量好之后，小狗再广播一条消息"一起进去吧"，接收到该消息后小猫运行向右移动指令，背景执行切换下一个背景的指令。

消息在角色和背景之间的传递，如表 9.1 所示。

表 9.1　设置在角色和背景间传递消息的程序

顺序	场景	对象	消息	
			广播	当接收到
1	古堡外面	小猫	广播 快过来吧▼	
		小狗	广播 古堡门口▼	当接收到 快过来吧▼

（续表）

顺序	场景	对象	消息	
			广播	当接收到
2	古堡大门	小猫	广播 商量一下 ▼	当接收到 古堡门口 ▼
		背景		当接收到 古堡门口 ▼
3	古堡内部	小狗	广播 一起进去吧 ▼	当接收到 商量一下 ▼
		背景		当接收到 一起进去吧 ▼

小猫、小狗角色的程序如图 9.11、图 9.12 所示，背景的程序如图 9.13 所示。

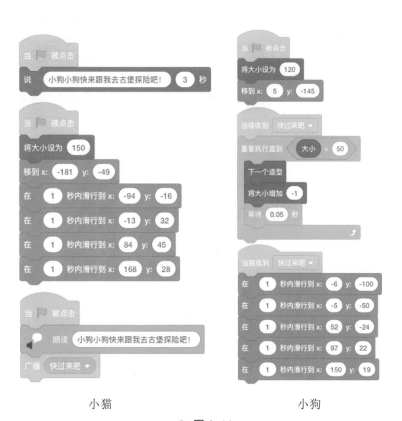

小猫　　　　　　　　　　小狗

◎ 图 9.11

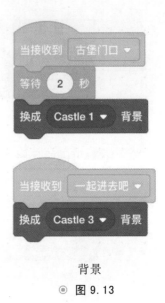

小猫　　　　　　　　小狗　　　　　　　　　　　　背景

◉ 图 9.12　　　　　　　　　　　　　　　　　　　　◉ 图 9.13

第 10 节　幸运大转盘

学习目标

1. 学会使用列表存储多个数据。
2. 学会通过用户输入的方式为列表添加内容。
3. 掌握运动积木类中的"方向"变量积木 方向 的用法。
4. 运用文本朗读积木和字符串连接积木创作出复杂的语音朗读输出程序。
5. 了解图像格式的转换功能。
6. 掌握修改造型的方法。

一、情景导入

幸运抽奖是大家都非常喜欢参与的互动项目。我们可以用 Scratch 设计一款实用的幸运抽奖程序。

二、程序执行步骤

首先输入候选人姓名，然后由主持人拨动大转盘抽奖，最后抽奖程序自动读出获奖者姓名与所中奖品。

三、添加背景、人物

① 添加教室背景，如图 10.1。
② 添加人物角色，如图 10.2 所示。

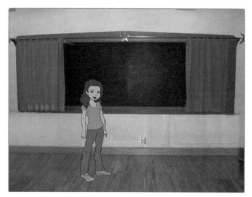

◉ 图 10.1   ◉ 图 10.2

四、绘制大转盘、指针

① 新建一个角色。在造型区绘制一个蓝色的大圆盘，单击 [转换为位图] 按钮，将圆盘转换为位图，如图 10.3 所示。

◉ 图 10.3

知识窗

　　位图（也叫点阵图）是由一个个像素点组成图形，当放大位图时，可以看见构成整个图像的像素方块。矢量图是由运算形成的图形，矢量图中的图形元素称为对象，每个对象都有颜色、填充、形状、轮廓、大小和位置等属性，矢量图的清晰度不随图片大小的变化而变化。

　　② 用"线段"工具 ✏️ 将大圆盘分为 4 等份，用"填充"工具 🪣 分别给各部分填充不同的颜色，用"文字"工具 **T** 输入文字，如图 10.4 所示。
　　③ 添加箭头角色，加大箭头的长度。调整中心点到箭头尾部，如图 10.5 所示。

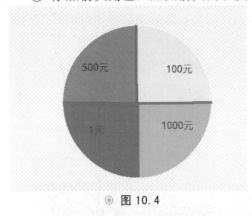

◉ 图 10.4

◉ 图 10.5

五、建立列表，添加内容

　　在 Scratch 里用列表可以存储多个数据，单个变量像一个个抽屉，每个抽屉存储一个数据；而列表相当于一个包含若干抽屉的柜子，一个柜子可以存储许多数据。
　　① 在变量积木类中，新建列表并命名为"姓名"，用来存储候选人姓名，如图 10.6 所示。

◉ 图 10.6

② 编写程序给列表增加候选人，通过"询问（）并等待"积木将用户输入的人名添加到列表当中。调用"询问（）并等待"积木 ![询问 请输入告诉我的名字。 并等待] 会在舞台上弹出输入框，输入的内容会存储在系统变量"回答" ![回答] 中。在变量积木类中选择列表操作积木 ![将 东西 加入 姓名▼]，可以将系统变量"回答" ![回答] 的内容插入"姓名"列表中。如果需添加 5 个人名，就在计数循环中把参数修改为 5 次，根据候选人数量等实际情况灵活更改循环的次数，程序如图 10.7 所示。

◎ 图 10.7

六、给箭头编写程序

① 编写如图 10.8 所示的程序，实现以下功能：当箭头被单击后，发出泡泡声，重复随机向右旋转。在现实生活中我们都见过抽奖大圆盘，有的是圆盘旋转，有的是箭头旋转，在本案例中我们采用箭头旋转的形式。抽奖的时候要让箭头绕着圆盘中心随机旋转，每次旋转都至少转一圈以上。在计数循环中填入一个随机数 ![在 30 和 60 之间取随机数] 产生随机重复次数，在右转积木中填入随机数 ![在 15 和 30 之间取随机数] 产生随机右转角度。每次程序执行到计数循环的时候就会在 30～60 之间随机产生一个循环次数，进入到循环体中执行右转命令的时候，会在 15～30 之间随机产生一个右转角度。这样每次旋转的角度会在 450 度～1800 度之间。旋转停止后播放开奖的声音。

◎ 图 10.8

② 根据箭头面向的方向广播中奖的奖金额。使用运动积木类中的"方向"系统变量 方向，可以获取到舞台中角色所指向的角度。根据箭头所指的方向判断获奖内容，广播获奖消息。用图 10.9 所示的程序中的条件可以准确地判断目前箭头所指的方向。与积木 是逻辑判断积木，只有两端的条件全部成立时才会广播相应的消息。

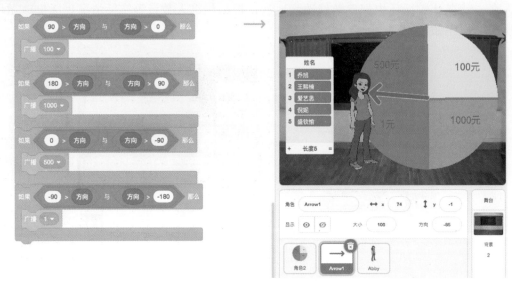

◉ 图 10.9

③ 拼接两个程序段，得到箭头角色的完整的程序，如图 10.10 所示。

◉ 图 10.10

七、编写人物角色接收到消息时的程序

① 编写如图 10.11 所示的程序，当人物角色接收到相应的消息时，会用外观积木说出获奖者的姓名和所中的奖品。连接 ◯ 和 ◯ 积木的作用是将左右两串字符组合成一串字符。

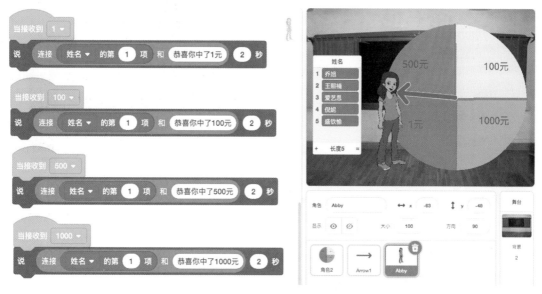

◉ 图 10.11

② 图 10.11 所示程序中的"(姓名)的第(1)项"积木显示是列表中第 1 项的内容，这样不论哪次摇奖，都是列表中第 1 项对应的人获奖，这显然不对，为此改进程序，在姓名列表积木的项目中加入了 1～5 的随机数，如图 10.12 所示，这样就可以保证每一位候选人都有获奖的可能性了。

◉ 图 10.12

人物角色完整的程序如图10.13所示。

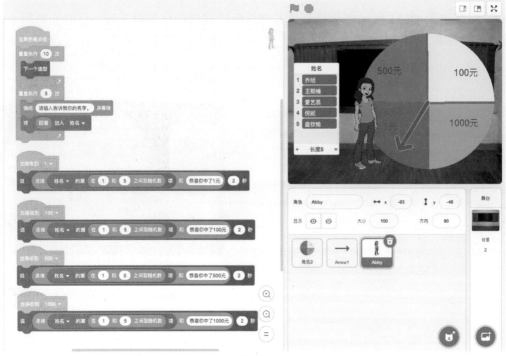

◎ 图 10.13

拓展任务

请同学们帮助班主任老师制作一个点名小程序，每次上课需要随机点名的时候，老师可以通过该程序完成点名任务，要求让计算机能读出被点名学生的姓名。

第二篇

Python 程序设计

培训视频 1

培训视频 2

第 1 节　与计算机对话

学习目标

1. 认识 Python 的 IDLE 窗口界面。
2. 学习并掌握 print() 输出语句。
3. 学习并掌握 input() 输入语句。
4. 会编写和运行自己的 Python 程序。

学习过程

　　编写和执行程序就是用程序设计语言编写程序，然后运行程序，精确地给计算机下达指令，让计算机完成指定的任务。有许多种程序设计语言，Python 程序设计语言（以下简称为 Python）就是其中的一种。在本节我们将学习使用 Python 中的 print() 和 input() 两种语句，实现和计算机对话的功能，并初步学习编写 Python 程序。

一、情景导入

　　明明这几天正在学习古诗文，老师要求能熟练背诵学过的古诗文。为了检验自己的学习效果，明明让爸爸每天晚上考考他。爸爸的考核方式灵活多样，以李白写的《静夜思》为例，有的时候，爸爸会给出"床前明月光"这一句诗文，让明明写出它的后一句；有的时候，爸爸又会给出"低头思故乡"这一句诗文，让明明写出它的前一句。明明正在学习 Python，于是他想设计一个简单的古诗背诵程序，希望它能像爸爸那样对自己进行考核。下面我们就用 Python 设计一个程序，实现明明的要求。

二、认识 print() 输出语句

　　要完成古诗背诵程序，一项基本的要求是让计算机能输出一句古诗。
　　print() 语句是 Python 中的基本输出语句，只要在 print() 语句的括号中按要求填入要输出的内容，然后执行这条语句，就可以控制计算机输出指定的内容，如图 1.1 所示。

1. 学习 print() 语句
　　双击桌面上的 ![图标] 图标，即可打开一个 Python Shell 窗口，如图 1.2 所示（Python 有多种版本，图 1.2 所示的是 Python 3.8.1 版本的 Shell 窗口），这个窗口提供了一个用 Python 程序设计语言开发程序的环境，我们以下简称它为 IDLE 窗口。

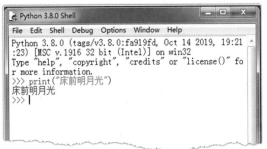

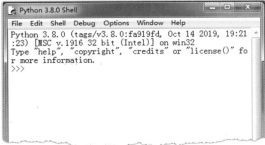

◎图 1.1   ◎图 1.2

IDLE 窗口中的"＞＞＞"称为提示符，在提示符右面输入"print("床前明月光")"后按回车键，即可在它的下一行输出"床前明月光"这一句诗文，并在下一行重新出现一个"＞＞＞"提示符，等待用户继续输入新的内容，如图 1.1 所示。

试试看

请在新出现的提示符后输入一条 print()语句，让计算机输出"疑是地上霜"这句诗文。

2. 纠正易犯的错误

对于初学者来说，在输入 print()语句时经常发生这样或那样的错误，下面说明两种常见的错误。

① 使用 print()语句输出一段文字信息时，在文字信息前后没有加双引号。例如：输入"print(床前明月光)"后按回车键，得到的结果如图 1.3 所示，IDLE 窗口中没有显示出预期的效果，而用红色显示了一段提示文字，这段文字说明输入的 print()语句中出现了错误(现在暂时不介绍提示文字的具体含义)，出现错误的原因是在"床前明月光"这段文字的前后没有加双引号。

② 使用 print()语句输出一段文字信息时，在这段文字信息的前后加上了中文双引号，或者把 print 后面的英文括号输成了中文括号。例如：输入"print（"床前明月光"）"后按回车键，得到的结果如图 1.4 所示，IDLE 窗口中同样给出发生了错误的提示，错误的原因是把英文双引号和英文括号输入成中文双引号和中文括号了。

◎ 图 1.3   ◎ 图 1.4

三、设计我们的第一个 Python 程序

基本掌握了 print()语句后，让我们重新启动 Python，尝试连续完整地输出一首古诗。

例 1.1 编写程序，连续完整地输出李白写的《静夜思》这首古诗，如图 1.5 所示。

◉ 图 1.5

【分析】你可能想用四条 print()语句，分四行逐句输出古诗的内容，实现如图 1.5 所示的效果，但当你在 IDLE 窗口中实际操作时会发现，每执行一条 print()语句，窗口中都会立即输出执行这条语句的结果，这不符合连续完整地输出整首古诗的要求。

为了实现例题提出的要求，我们需要编写包含多条 print()语句的程序，然后运行程序，并连续执行多条 print()语句，这样就能实现我们的要求了。

【操作步骤】

① 启动 Python，打开 IDLE 窗口。

② 执行"File"→"New File"菜单命令，打开一个程序编辑器窗口，如图 1.6 所示，以后我们把这个窗口简称为程序编辑窗口。

③ 在程序编辑窗口中输入程序语句，如图 1.7 所示。

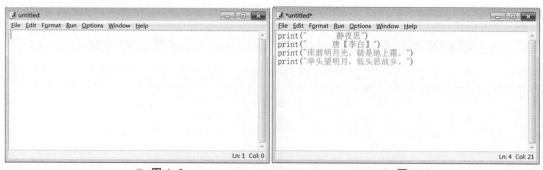

◉ 图 1.6   ◉ 图 1.7

④ 执行"File"→"Save as"菜单命令(或者执行"File"→"Save"菜单命令)，打开"另存为"对话框。在"文件名"框中输入"P0101.py"为文件名，单击 保存(S) 按钮，将程序保存在自己的文件夹(本书中假设为"D:\Python 范例"文件夹)中。

⑤ 执行 "Run" → "Run Module" 菜单命令(或按 F5 键)运行程序, 在 IDLE 窗口中即可得到如图 1.5 所示的结果。

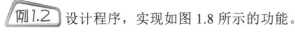

试试看

请编写一个程序, 尝试输出一首新的古诗。

四、认识 input() 输入语句

明明设想的古诗背诵程序, 既能输出古诗文诗句, 还能进行提问, 并能输入用户的回答, 然后把用户的回答显示出来, 如图 1.8 所示。

◉ 图 1.8

使用 Python 提供的 input() 语句, 用户可以向计算机输入内容。

例1.2　设计程序, 实现如图 1.8 所示的功能。

【操作步骤】

第一步: 首先编写程序, 实现图 1.9 所示的功能。

◉ 图 1.9

① 启动 Python，执行"File"→"New File"菜单命令，打开程序编辑窗口，新建一个程序文件。

② 在程序编辑窗口中输入下述程序语句：

```
print("古诗背诵程序")
print("床前明月光")
input("请输入后一句：")
```

③ 按 F5 键，系统将给出提示，要求用户先保存程序文件，按提示进行操作，在自己的文件夹中以"P0102.py"为文件名保存程序，然后系统将自动运行程序，得到如图 1.9 所示的结果。

📖 知识窗

将图 1.9 与第②步中编写的程序对比可知，在 input() 语句的括号中可以填写提示用户应该输入什么信息的内容。运行程序，执行到"input("请输入后一句：")"语句时，在 IDLE 窗口中将显示提示信息"请输入后一句："，其后的光标一直在闪烁，表示等待用户输入。请尝试在光标后输入"疑是地上霜"，并按回车键，观察效果。

下面要解决的问题是，如何用 print() 语句输出用户执行 input() 语句后输入的内容。

我们可以在程序中建立一个变量，用来存储执行 input() 语句时用户输入的内容，不妨把这个变量称为"stnce"，而把原来的"input("请输入后一句：")"语句改写成：

```
stnce=input("请输入后一句：")
```

执行上面这条语句后，可以将用户输入的内容存储在名为"stnce"的变量中（关于变量的概念，在后面还要详细介绍）。这样就可以用"stnce"代替用户输入的内容，在 IDLE 窗口中输出用户输入的内容了。

第二步：在 IDLE 窗口中输出用户输入的信息。

① 返回程序编辑窗口，按下述内容修改原来编写的程序：

```
print("古诗背诵程序")
print("床前明月光")
stnce=input("请输入后一句：")
print("您输入的语句是："+stnce)
```

📖 知识窗

在上述程序第四行的 print() 语句的括号中使用了"+"运算符，这里的"+"运算符不是数学意义上的加号，其功能是把它前面的一段字符(称为一个字符串)和它后面的变量的内容拼接起来。在 Python 中，用一对英文双引号或一对英文单引号括起来的一段字符，称为字符串。例如'中国'、'-3'、"23"都是字符串。注意，这里的'-3'表示由"-"和"3"组成的字符串，它不表示数值-3；同样地，"23"表示由"2"和"3"组成的一个字符串，它不表示数值23。

② 按 F5 键保存程序后运行程序，可以得到如图 1.8 所示的结果。

试试看

执行完 print()语句，显示了有关内容后，默认的效果是换行，可以使用"end"进行控制，使得执行 print()语句后不换行。

请将例 1.2 编写的程序中的最后的一条语句修改为下面的两条语句，再运行程序，看看出现什么结果。

print("您输入的语句是：", end="")

print(stnce)

拓展任务

大家也许玩过这样的游戏：由四个人分别回答时间、人物、地点和发生的事情这四个问题，然后把回答的结果连接起来，会发现能产生许多让人好笑的话。

例：

时间？三更半夜。

人物？你的同桌。

地点？在南极。

发生的事情？喝牛奶

把上面时间、地点、人物和发生的事情这四个问题的回答连接起来，得到的结果是："三更半夜你的同桌在南极喝牛奶。"

请大家使用本节学过的 print()和 input()语句，编写实现上述功能的小游戏程序。

第 2 节　数据的表示

学习目标

1. 学习变量的概念和使用变量。
2. 学习并掌握 Python 中的数据类型。
3. 学会不同数据类型数据的转换方法。
4. 学习并掌握算术运算符的概念，会使用算术运算符。
5. 初步理解函数的概念。

学习过程

在实际生活中，数据信息无处不在，比如文本数据、视频数据、音频数据等。要让计算机对数据进行操作和处理，就需要对数据进行分类存储与抽象化表示。本节我们将学习有关变量和数据类型的概念，这是我们第一次接触程序设计中表示与存储数据信息有关的抽象的概念，我们还将学习算术运算符的有关概念，学会使用算术运算符。

一、情景导入

明明是一个计算机迷，经常用计算机帮助老师解决一些问题。班主任老师给明明一个任务，让明明设计一个程序，计算班级中每个同学期中考试的总分和平均分。例如，明明的语文、数学、英语三科考试成绩分别为99、98、97，要求编写一个程序，运行程序时，输入了明明的三科成绩后，能计算并显示出三科成绩的总分和平均分。

二、认识变量

解决上述问题的一个基本要求是要让程序能分别保存和表示一个学生的语文、数学、英语成绩数据。在程序中，一般用变量保存和表示数据。

1. 变量的含义

变量是一个抽象的概念，在程序中，可以把它形象地看成一个存储数据的盒子，这个盒子中可以存储数据，并且盒子中的数据是可变的。

我们需要用不同的变量分别表示语文、数学、英语三科的成绩。这就要用不同的名称来区分这些变量，这里所说的名称就是变量名，不同变量的变量名不同。例如：

语文成绩99，可以表示为 yw_score=99；

数学成绩98，可以表示为 sx_score =98；

英语成绩97，可以表示为 yy_score =97。

上述的"yw_score""sx_score""yy_score"是变量名，"yw_score=99""sx_score=98""yy_score=97"是三条语句，每条语句中的"="不是数学意义上的等号，它们在程序中表示赋值运算符，赋值运算符的功能是将其右边的值存入到其左边的变量中。例如"yw_score=99"语句表示把99这个值赋给变量 yw_score。

试试看

在 IDLE 窗口中输入以下代码，观察结果。

```
a=5
print(a)
```

再输入以下代码，观察结果。

```
a=8
print(a)
```

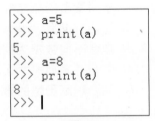

◎ 图 2.1

以上操作的结果如图 2.1 所示，这个"试试看"的结果告诉我们，通过赋值运算符能改变变量的值。

我们知道，算盘中用算珠表示和存储数据，"梁上两珠，每珠作数五，梁下五珠，每珠作数一"，可见每个算珠就相当于一个变量。对算珠的操作，类似于对变量的操作，我们也可以把算盘称为简单的可用于计算的机器。

2．变量的命名

不同的变量要用不同的变量名区分，恰当地给变量命名非常重要，一般情况下应使用一些有意义的单词给变量命名，这样可以方便我们阅读程序。

例如，表示语文成绩的变量，可以用 yw_score 为变量名。再例如我们分别用 a 和 apple 给两个变量命名，通过 apple 这个变量名，我们大概可以推测出，它要表示关于苹果的一些信息。所以，合理地对变量命名能让程序更易读，更便于理解。

在 Python 程序中，对变量命名要遵守一定的规则。

① 变量名由数字、字母或下画线组成，且不能以数字开头。

例如，我们可以用下述语句给表示语文成绩的变量命名并赋值：

    yw_score=99

如果以数字开头给变量命名则会出错，如图 2.2 所示。

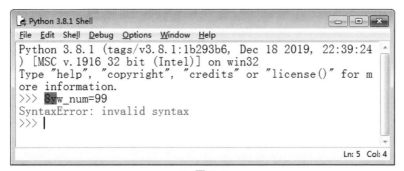

◉ 图 2.2

② 变量名称区分大小写。

启动 Python 后，打开程序编辑窗口，在程序编辑窗口中输入程序语句，如图 2.3 的左图所示。按 F5 键，以"P0201.py"为文件名保存程序后运行程序，将得到如图 2.3 的右图所示的结果。

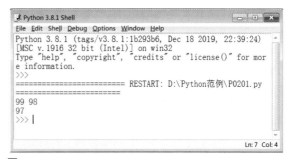

◉ 图 2.3

从运行结果可以看出，yw_score 和 Yw_score 是两个不同的变量。

③ 不能使用 Python 中的关键字当变量名。

Python 中的关键字有其独特的含义和功能，给变量命名时不能使用这些关键字。在 IDLE 窗口中输入"help("keywords")"语句，按回车键后，窗口中将显示出 Python 使用的所有的关键字，如图 2.4 所示。

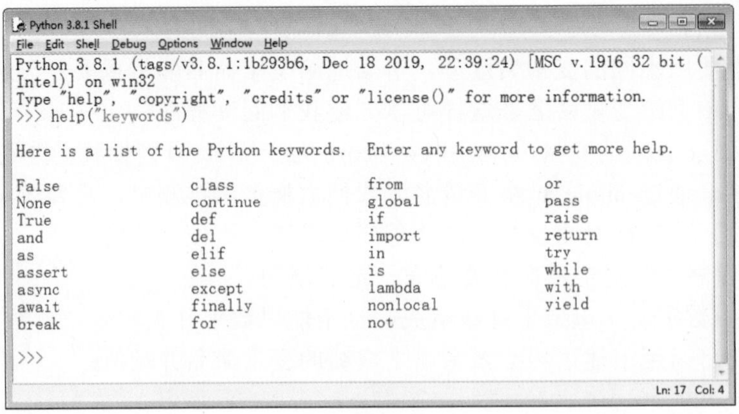

◎ 图 2.4

④ 变量名中不能包含小数点、空格、!、#、@、$、%、&等符号，也不能包括 +、-、*、/ 等算术运算符。

三、数据的运算

用变量表示和存储三科成绩后，接下来就能够计算这三科成绩的总分和平均分了。我们用变量 sum 表示总分，用变量 ave 表示平均分，可以用下述语句分别计算总分和平均分。

sum=yw_score+sx_score+yy_score　　　　　(1)

ave=sum/3　　　　　(2)

语句(1)表示对语文、数学、英语三科成绩求和，并把求得的和赋给变量 sum。

语句(2)表示将变量 sum 的值除以 3，求出三科成绩的平均值，并把求得的商赋给变量 ave。

1. 数据的运算

对数据进行运算的语句由运算操作符和参与运算的对象组成，考察语句(1)和(2)，可以发现它们有两个共同的特点。

① 这两个语句中的计算对象都用变量表示。

② 这两个语句中都有运算符，它们分别是"+""/""="。

在 Python 中进行算术运算的操作符称为算术运算符，Python 中的算术运算符如表 2.1 所示。

表 2.1　Python 中的算术运算符

算术运算符	功　能	实　例
+	实现加运算	3+2=5
−	实现减运算	4-6=-2
*	实现乘运算	5.2*4=20.8
/	实现除运算	9/2=4.5
//	实现取整运算	17//3=5
%	实现取模运算	17%3=2
**	实现乘方运算	2**3=8

试试看

请在 IDLE 窗口中输入"3+2"后按回车键，观察结果。用同样的方法，验证表 2.1"实例"列中的其余各个例子。

例2.1 编写程序，计算并显示明明三科成绩的总分和平均分。

【操作步骤】

① 启动 Python，打开程序编辑窗口。

② 在程序编辑窗口中输入以下程序语句：

```
yw_score=99
sx_score=98
yy_score=97
sum=yw_score+sx_score+yy_score
ave=sum/3
print("总成绩=", sum, "平均分=", ave)
```

③ 按 F5 键，以"P0202.py"为文件名，在自己的文件夹中保存程序后运行程序，得到如图 2.5 所示的结果。

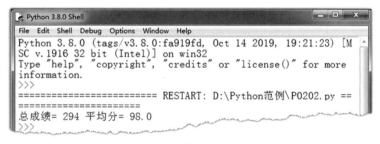

◉ 图 2.5

2. 数据的类型

若想从键盘输入三科成绩的值并计算三科成绩的总分，该怎么办呢？回顾第 1 节我们知道，可以使用 input()语句进行输入。

例2.2 编写程序，从键盘输入明明三科成绩的值，计算并显示三科成绩总分，观察结果。

【操作步骤】

① 启动 Python，打开程序编辑窗口。

② 在程序编辑窗口中输入以下程序语句：

```
yw_score=input("请输入语文成绩：")
sx_score= input("请输入数学成绩：")
yy_score= input("请输入英语成绩：")
sum=yw_score+sx_score+yy_score
print("三科成绩的总分是：", sum)
```

③ 按 F5 键，以"P0203.py"为文件名，在自己的文件夹中保存程序后运行程序，从键盘分别输入"99""98""97"，得到如图 2.6 所示的结果。

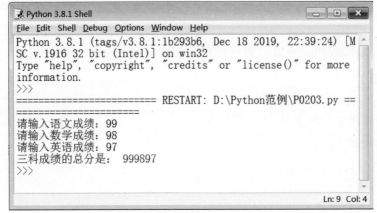

◎ 图 2.6

从图 2.6 可知，运行程序后没有得到预想的结果，为什么？原因是运行 input()语句，计算机从键盘读取输入的内容时，读取的是字符串信息，因此执行程序中前三条语句，分别输入"99""98""97"时，将把字符串"99"赋了变量 yw_score，把字符串"98"赋给变量 sx_score，把字符串"97"赋给变量 yy_score。这样，在执行"sum=yw_score+sx_score+yy_score"语句时，"+"运算符会把三个字符串的内容拼接在一起，赋给了变量 sum，因此显示的结果不是 99、98、97 的和，而是字符串"999897"的内容。

这个事实告诉我们，在对数据进行处理的时候，必须正确了解数据的类型。

Python 中基本的数据类型如表 2.2 所示。

表 2.2　Python 中基本的数据类型

类　型	解　释	实　例
整型 (int)	表示整数，包含正整数、负整数和 0	1、-2、3
浮点型 (float)	表示小数（带小数点的数）	-1.8、3.7
布尔型 (bool)	表示真或假，有 True 和 False 两个值	True、False
字符串型 (str)	表示字符串	"苹果"、"apple"

可以使用"type(参数)"语句，查看参数的数据类型。这里的"type(参数)"是一个函数，其功能是给出参数的数据类型。我们在数学中学习过函数，数学中的函数用来对自变量进行运算，并给出一个结果；Python 中的函数与数学中的函数有相似的地方，它是一个功能体，一般情况下用来对参数进行处理，并返回一个结果。实际上，我们此前学习的"print(参数)"和"input(参数)"语句，也是函数，它们的功能分别是在屏幕上输出参数表示的数据和给出提示信息后等待用户输入并返回输入的数据。

调用函数的语句的一般形式如下：

函数名(参数)

例如在 IDLE 窗口中输入以下代码：

num=5

type(num)

结果如图 2.7 所示，函数 type(num) 返回变量 num 的数据类型为整型。

```
>>> num=5
>>> type(num)
<class 'int'>
>>>
```

◎ 图 2.7

这里的"type(num)"语句中的 type 为函数名，num 为函数的参数。关于函数，后续章节还要详细介绍。

为了叙述方便，今后在一般性地叙述函数时，用在函数名称后面带上一对括号的方式表示一个函数。

3. 数据类型的转换

input() 函数以字符串数据类型返回用户输入的内容，可以使用 Python 提供的数据类型转换函数，把字符串变成对应的数值。

Python 中的数据类型转换函数如表 2.3 所示，表中的 x 为转换函数的参数。

表 2.3　Python 中的数据类型转换函数

转换函数	功能描述	实　例
int(x)	将 x 的值转换为对应的整型数	int(3.2)=3，int("20")=20，int(1/3)=0
float(x)	将 x 的值转换为对应的浮点型数	float("12.5")=12.5，float(3)=3.0
bool(x)	将 x 的值转换成布尔型值	bool(1)=True，bool(0)=False
str(x)	将 x 的值转换为对应的字符串	str(1)='1'，str(3.5)='3.5'

如图 2.8 所示，在 IDLE 窗口中输入以下代码，可测试转换函数返回的结果。

从图 2.8 可知，使用 int() 函数，除可以把字符串转换成对应的整数之外，还可以把浮点型数转换成对应的整型数。

```
>>> int(3.2)
3
>>> int("20")
20
>>> int(1/3)
0
>>>
```

◎ 图 2.8

试试看

在 IDLE 窗口中，验证表 2.3"实例"中其他的例子。

例2.3 改写例 2.2 中编写的程序，从键盘输入明明三科成绩的值，计算三科成绩总分与平均分。

【操作步骤】

① 启动 Python，执行"File"→"Open"菜单命令，用程序编辑窗口打开我们此前编写的"P0203.py"程序。

② 在程序编辑窗口中，按下述内容，修改原来编写的程序。

```
yw_score=int(input("请输入语文成绩："))
sx_score= int(input("请输入数学成绩："))
yy_score= int(input("请输入英语成绩："))
sum=yw_score+sx_score+yy_score
ave=sum/3
print("三科成绩的总分和平均分分别是：", sum, ave)
```

知识窗

上述程序中的"int(input("请输入语文成绩: "))"语句实现函数的嵌套调用，其中 int()函数的参数"input("请输入语文成绩: ")"也是一个函数，程序在执行"int(input("请输入语文成绩: "))"时，先从键盘接收输入的数据，然后把这个数据转换成整型数。

③ 按 F5 键，保存程序后运行程序，从键盘分别输入"99""98""97"后，得到如图2.9所示的结果。

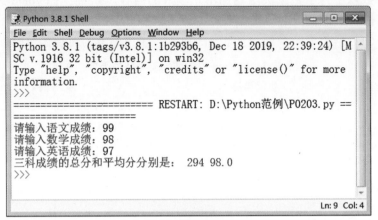

◉ **图 2.9**

一般情况下，如果程序中多次用到某一个输入的数据，应该用变量接收这个数据，并按照要求，立即把这个变量转换成相应的数据类型。而不是每用一次转换一次。

计算机不仅可以处理数值型的数据，还可以处理字符、图形、音频等各种各样的数据，处理不同的数据时，需要把它们设置为相应的数据类型或把数据转换成相应的数据类型。

拓展任务

明明在完成班主任安排的任务后受到启发，想设计一个计算三角形面积的程序。他想到了两种计算方法：

① 输入三角形底边和高的长度，输出三角形的面积。

② 输入三角形三条边的长度，输出三角形的面积。

请你用第②种方法编写程序，实现明明的想法。

【提示】

用第②种方法计算三角形的面积要使用下述的海伦公式：

$$S = \sqrt{p(p-a)(p-b)(p-c)}$$

上述公式中，S 表示三角形的面积，a、b、c 分别表示三角形三条边的长度，p 表示三角形的半周长

使用海伦公式计算三角形面积要进行开方运算，进行开方运算的函数放在 Python 的

math 库中，math 库相当于 Python 的一个工具箱，里面包含了很多关于数学运算的函数，如进行开方运算、指数运算、对数运算的函数等。

可以用下述程序从键盘输入一个正整数，然后输出这个数的算术平方根：

```
import math
a=int(input())
b=math.sqrt(a)
print(b)
```

上述程序中，用"import math"语句将 math 库导入程序，以便调用 math 库中的 sqrt()开方运算函数，sqrt()函数的功能是返回其参数的算术平方根，调用该函数的形式为"math.sqrt(参数)"。

第 3 节　判断与选择

1. 学习表达式的概念。
2. 学习并掌握关系运算符和关系表达式。
3. 学习并掌握逻辑运算符和逻辑表达式。
4. 学习并掌握用 if 语句构造单分支、双分支、多分支选择结构的程序。
5. 学习并掌握嵌套的 if 语句。
6. 学会利用选择结构程序解决具体问题。

迄今为止，运行我们编写的 Python 程序时，都是按语句的前后顺序，一条一条执行的，这种程序称为顺序结构程序。仅使用顺序结构程序不能解决所有的问题，如给出三条边的长度，计算由它们组成的三角形的面积时，首先要判断这三条边是否能组成一个三角形，若能组成一个三角形，则计算其面积；否则，应给出提示，说明按给出长度的三条边，不能组成一个三角形。这说明，在解决某些问题时，需要先依据条件进行判断，然后根据判断的结果，选择下一步应执行的程序段，这种根据不同的条件，执行不同程序段的程序，称为选择结构程序。在本节我们将学习 Python 中的关系表达式、逻辑表达式和 if 语句，学习编写能实现选择结构的程序。

一、情景导入

明明所在的班级要进行一次体能达标测试，根据每位同学在一分钟内跳绳的个数来判定他的体能是否达标。学校规定一分钟内跳绳达到 80 个时，才能达标。明明想帮老师设计一个程序，根据某同学一分钟内跳绳的个数，判断并输出他的体能测试达标结果。

二、认识关系运算符和关系表达式

首先说明表达式的概念，在程序设计中，把由运算符和操作对象组成的式子称为表达式，我们在前面学习的由算术运算符和操作数组成的式子，称为算术表达式。

要想解决我们在情景导入中提到的问题，需要将一分钟内的跳绳个数与达标个数进行比较，若一分钟内跳绳的个数大于或等于 80，则表示体能测试达标。我们命名变量 num 表示某同学一分钟跳绳个数，则可以写出如下的表示体能测试达标的表达式：

num>=80

上述表达式中用"">="符号来比较它两边的值，以此来确定两边值的关系，这里的"">="称为关系运算符，用关系运算符构造出来的表达式称为关系表达式。

如图 3.1 所示，在 IDLE 窗口中输入相应的指令后可以发现，当 num 的值为 90 时，表达式"num>=80"的值为 True；当 num 的值为 75 时，表达式 "num>=80" 的值为 False。

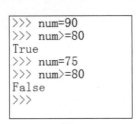

◉ 图 3.1

由此我们知道，在用关系表达式进行比较运算时，如果这个表达式成立，则其值为 True（真）；反之，其值为 False（假）。这里的 True 和 False 都是 bool（布尔）型的数据，它们专门用来表示一件事情的真假，或者一个表达式是否成立。

Python 中的关系运算符和关系表达式如表 3.1 所示。

表 3.1　Python 中的关系运算符和关系表达式

关系运算符	关系表达式举例	功　能	实　例（设 x 的值为 10，y 的值为 21）
==	x==y	表示等于，如果 x 和 y 相等，则表达式的值为 True；否则，表达式的值为 False	x==y 的值为 False
!=	x!=y	表示不等于，如果 x 和 y 不相等，则表达式的值为 True；否则，表达式的值为 False	x!=y 的值为 True
>	x>y	表示大于，如果 x 大于 y，则表达式的值为 True；否则，表达式的值为 False	x>y 的值为 False
<	x<y	表示小于，如果 x 小于 y，则表达式的值为 True；否则，表达式的值为 False	x<y 的值为 True
>=	x>=y	表示大于或等于，如果 x 大于或等于 y，则表达式的值为 True；否则，表达式的值为 False	x>=y 的值为 False
<=	x<=y	表示小于或等于，如果 x 小于或等于 y，则表达式的值为 True；否则，表达式的值为 False	x<=y 的值为 True

说说看

假设变量 num 的值为 85，分别判断下述各个关系表达式的值。

num==80	num!=80	num>80
num<80	num>=80	num<=80

三、认识 if 语句

Python 提供了一种 if 语句，它能根据表达式的值的真假，选择执行不同的语句或语句块(一段语句序列)。

1. 单分支选择结构的 if 语句

首先介绍只有一个执行方向的单分支 if 语句。

例3.1　编写程序完成以下任务：把某同学一分钟内跳绳的个数设置为 95，根据这个成绩输出"体能测试达标"。

【操作步骤】

① 启动 Python，打开程序编辑窗口。

② 在程序编辑窗口中输入以下程序语句：

```
num=95
if num>=80:
    print("体能测试达标")
```

知识窗

在程序编辑窗口中输入了"if num>=80:"并按回车键另起一行时，程序语句将自动向右缩进 4 个英文字符的距离。

③ 按 F5 键，以"P0301.py"为文件名，在自己的文件夹中保存程序后运行程序，得到如图 3.2 所示的结果。

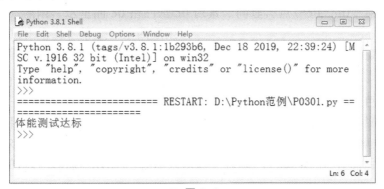

◉ 图 3.2

在例 3.1 中，我们使用了单分支的 if 语句，这种 if 语句的格式如下：

```
if 条件:
    语句块
```

上述 if 语句的执行过程为：首先执行"if 条件:"语句，测试语句中的条件(在例 3.1 中是一个关系表达式)，若测试结果为条件成立(结果为 True)，则执行语句块；否则(结果为 False)，不执行语句块(即跳过上述格式中的语句块，执行其后续语句，如果没有后续语句，则结束程序)。

在例 3.1 中，num 的值为 95，因此 if 语句中表示条件的关系表达式"num>=80"的值为真(即为 True)，故运行程序后的结果如图 3.2 所示。

编写包含 if 语句的程序时，请注意以下两点。

① 在实际输入程序代码时，"语句块"部分将自动向右缩进。在 Python 中，用缩进的方式表示语句之间的逻辑关系，如例 3.1 程序中的"print("体能测试达标")"语句就向右缩进了 4 个英文字符的距离。

② 格式中的"语句块"可能不止一条语句，如果它包含多条语句，这多条语句应该按相同的缩进量向右缩进一段距离。

试试看

修改例 3.1 中编写的程序，尝试从键盘给变量 num 输入不同的值，观察得到的结果。

2. 双分支选择结构的 if 语句

按"试试看"的要求，对例 3.1 中的程序修改后，再运行程序时，如果给 num 输入的值小于 80，可以发现没有任何输出。这是因为当 num 的值小于 80 时，if 语句中的关系表达式的值为 False，故运行程序时，不会执行"print("体能测试达标")"这条语句。为了让程序的交互性更好，可以进一步修改程序，使得当 num 的值小于 80 时，也能让程序输出相应的提示信息。

例 3.2　编写程序完成以下任务：从键盘输入某同学一分钟内跳绳的个数，判断该同学体能测试是否达标，若达标，则输出"体能测试达标"；否则输出"体能测试未达标，请继续努力！"。

【操作步骤】

① 启动 Python，打开程序编辑窗口。

② 在程序编辑窗口中输入以下程序语句：

```python
num=int(input("请输入一分钟内跳绳个数："))
if num>=80:
    print("体能测试达标")
else:
    print("体能测试未达标，请继续努力！")
```

③ 按 F5 键，以"P0302.py"为文件名，在自己的文件夹中保存程序后，分两次运行程序，得到如图 3.3 所示的结果。

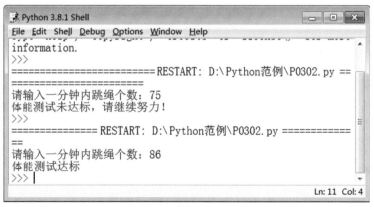

◎ 图 3.3

例 3.2 中的程序使用了双分支选择结构的 if 语句，这种语句的格式如下：

If 条件：

    语句块 1

else：

    语句块 2

上述 if 语句的执行过程为：首先执行"if 条件："语句，测试语句中的条件，若测试的结果为条件成立（结果为 True），则执行语句块 1；否则（结果为 False），执行语句块 2。

当 num 的值为 75 时，因为条件"num>=80"表示的关系表达式不成立，所以不执行第一条"print("体能测试达标")"语句，而执行"else："后面的"print("体能测试未达标，请继续努力！")"语句，因此输出"体能测试未达标，请继续努力！"。

当 num 的值为 86 时，因为条件"num>=80"这个关系表达式成立，所以执行第一条"print("体能测试达标")"语句，因此输出"体能测试达标！"。

试试看

编写程序，从键盘输入某同学一分钟内跳绳个数，判断该同学体能测试是否达标，若达标，则输出"体能测试达标"；否则，计算并输出该同学还需要多跳多少个才可达标的信息。

四、包含多个条件的 if 语句

上面程序的 if 语句中的条件是只包含一个关系运算符的关系表达式，假设要按照一分钟内跳绳的个数输出体能测试的分段结果，该怎么办？

问题：用 num 表示某同学一分钟内跳绳的个数，当 num 大于或等于 80 且小于 90 时，要求输出"体能测试成绩及格"。

可以通过以下三种方式，解决上述问题。

1. 用一个关系表达式表示条件

根据题设，可以写出如下的程序段，解决问题。

```
if 80<=num<90:
    print("体能测试成绩及格")
```

上述程序段中，把"num 大于或等于 80 且小于 90"这个条件写成了如下的关系表达式：

> 80<=num<90

2. 借助逻辑运算符表示条件

在 Python 中用"and"表示"且"这种关系，故根据题设，还可以写出如下的程序段解决问题。

> if num>=80 and num<90:
>   print("体能测试成绩及格")

上述程序段中，把"num 大于或等于 80 且小于 90"这个条件写成了如下的形式：

> num>=80 and num<90

上式中的"and"称为逻辑运算符，由逻辑运算符构成的表达式，称为逻辑表达式。

Python 中的逻辑运算符有三个，分别为 and(逻辑与)、or(逻辑或)、not(逻辑非)，用 x 和 y 分别表示两个值，三种逻辑表达式和它们的值如表 3.2 所示。

表 3.2　逻辑表达式和它们的值

逻辑表达式	逻辑表达式的值
x and y	x 为 False 时，值为 x；否则，值为 y
x or y	x 为 True 时，值为 x；否则，值为 y
not x	x 为 True 时，值为 False；否则，值为 True

注：对于数值型的值，如果它等于 0，则把它看作 False；如果它不等于 0，则把它看作 True。

说说看

如果变量 a 的值为 1，变量 b 的值为 2，说出下述逻辑表达式的值。

> a and b　　　　　　　a or b　　　　　　　not a

至此，我们已经学习了算术运算符、关系运算符和逻辑运算符，通过这三种运算符我们可以表示比较复杂的数据关系。如三条线段的长度分别为 a、b、c，则可以通过如下的逻辑表达式的值，判断它们是否能组成一个三角形：

> a+b>c and a+c>b and b+c>a

在这个表达式中既有算术运算符，又有关系运算符，还有逻辑运算符，在计算过程中先进行哪种运算呢？

Python 关于算术运算符，关系运算符和逻辑运算符的优先级的规定如表 3.3 所示(表 3.3 中按从高到低的顺序列出了部分运算符的优先级)。

表 3.3　Python 中部分运算符的优先级

运　算　符	名　　　称	优先级顺序（由高到低）
**	指数运算符	
*、/、%、//	乘、除、取模、整除运算符	
+、-	加、减运算符	↓
<=、<、>=、>	小于或等于、小于、大于或等于、大于关系运算符	

（续表）

运 算 符	名 　称	优先级顺序（由高到低）
==、!=	等于、不等于运算符	
not	逻辑非运算符	
and	逻辑与运算符	
or	逻辑或运算符	
=	赋值运算符	

当一个表达式中出现多个运算符时，按优先级顺序进行计算，同级的运算符，按从左到右的顺序进行计算。因此，表达式"a+b>c and a+c>b and b+c>a"相当于"（(a+b)>c) and（(a+c)>b) and（(b+c)>a)"。如果表达式较复杂，可以使用小括号"()"强制设置运算顺序，在表达式中只可以使用小括号不能使用中括号和大括号。

试试看

编写一个程序，要求从键盘任意输入三条边的长度，判断它们是否能组成一个三角形，如果能组成一个三角形，则输出三角形的面积；如果不能组成一个三角形，则输出"无法组成三角形"。

3. 使用嵌套的 if 语句

可以使用下述的两条 if 语句解决前面提到的问题。

```
if num>=80:
    if num<90:
        print("体能测试成绩及格")
```

这种形式是 if 语句的嵌套使用：用两条 if 语句的嵌套，判断 num 的值是否在指定的范围内。第一条 if 语句判断 num 的值是否大于或等于 80，当满足这个条件时，再执行第二条 if 语句，判断 num 的值是否小于 90，若满足条件，则执行"print("体能测试成绩及格")"这条语句。合理地使用 if 语句的嵌套，可以使程序的逻辑结构更清晰。

例3.3　明明的学校按照一分钟内跳绳的个数对体能测试的成绩进行分段，分段规定如表 3.4 所示。编写一个程序完成以下任务：输入了某同学一分钟内跳绳的个数后，判断并输出该同学的成绩所属的成绩段。

表 3.4　一分钟内跳绳个数成绩分段表

每分钟跳绳个数	成 绩 段
100 个及以上	体能测试成绩优秀
90～99 个	体能测试成绩良好
80～89 个	体能测试成绩及格
79 个及以下	体能测试成绩不及格

【操作步骤】

① 启动 Python，打开程序编辑窗口。

② 在程序编辑窗口中输入以下程序语句：

```
num=int(input("请输入一分钟内跳绳个数："))
if num>=100:
    print("体能测试成绩优秀")
if num>=90 and num<100:
    print("体能测试成绩良好")
if num>=80 and num<90:
    print("体能测试成绩及格")
if num<80:
    print("体能测试成绩不及格")
```

③ 按 F5 键，以"P0303.py"为文件名，在自己的文件夹中保存程序后，分两次运行程序，得到如图 3.4 所示的结果。

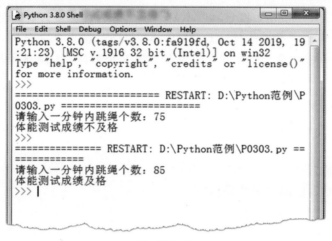

◎ 图 3.4

五、能实现多分支选择结构的语句

例 3.3 中编写的程序使用了多条并列的 if 语句进行判断，并使用逻辑运算符组成的逻辑表达式判断数据是否在指定的范围内。虽然这样可以解决问题，但采用多分支选择结构语句，还可以设计出更简洁的程序。程序代码如下：

```
num=int(input("请输入一分钟内跳绳个数："))
if num>=100:
    print("体能测试成绩优秀")          #语句块 1
elif num>=90:
    print("体能测试成绩良好")          #语句块 2
elif num>=80 :
    print("体能测试成绩及格")          #语句块 3
else:
    print("体能测试成绩不及格")        #语句块 4
```

上述程序中"#"符号后面的文字是对程序代码进行注释的内容，运行程序时不执行注释内容。

多分支选择结构语句的格式如下：

    if 条件 1:

        语句块 1

    elif 条件 2:

        语句块 2

    elif 条件 3:

        语句块 3

    ……

    else:

        语句块 n

上述语句的执行过程为：首先执行"if 条件 1:"语句，若条件 1 成立则执行语句块 1，然后跳出整个多分支选择结构语句；若条件 1 不成立，则执行"elif 条件 2:"语句，若条件 2 成立，则执行语句块 2，然后跳出整个多分支选择结构语句；若条件 2 不成立，则执行"elif 条件 3:"语句……以此类推，若所"elif"语句中的条件都不成立，则执行"else:"语句下面的语句块 n。

例 3.4 使用多分支选择结构语句，编写程序，输入某同学一分钟内跳绳的个数后，判断并输出该同学的成绩所属的成绩段。

【操作步骤】

① 启动 Python，打开程序编辑窗口。

② 在程序编辑窗口中按前面介绍的内容，输入程序语句。

③ 按 F5 键，以"P0304.py"为文件名，在自己的文件夹中保存程序后，分两次运行程序，同样可以得到如图 3.4 所示的结果。

下面对图 3.4 所示的第一次运行程序的过程进行解释。

运行程序时，将 num 的值输入为 75。首先执行"if num>=100:"语句，只有当 num>=100 时，才满足语句中的条件，现在 num 的值不满足这个条件，因此不执行"print("体能测试成绩优秀")"语句，继续向下执行"elif num>=90:"语句；只有当 num 的值满足 90<=num<100 时，才满足这条语句中的条件，现在 num 的值不满足这个条件，因此不执行"print("体能测试成绩良好")"语句，继续向下执行"elif num>=80:"语句；只有当 num 的值满足 80<=num<90 时，才满足这条语句中的条件，现在 num 的值不满足这个条件，因此不执行"print("体能测试成绩及格")"语句，这时执行到"else:"语句，由于 num 的值不满足前面所有语句中的条件，因此执行该语句后的"print("体能测试成绩不及格")"语句，输出"体能测试成绩不及格"。

说说看

请解释第二次运行程序的过程。

在天气预报中，经常能听到的一个关键词是"空气质量指数"（Air Quality Index，简称AQI），它是定量描述空气质量状况的指数，其数值越大说明空气污染状况越严重，对人体健康的危害也就越大，空气质量指数、空气质量级别和空气质量的对应关系如表3.5所示。

表3.5　空气质量指数、空气质量级别和空气质量对照表

空气质量指数	空气质量指数级别	空气质量
0～50	一级	优
51～100	二级	良
101～150	三级	轻度污染
151～200	四级	中度污染
201～300	五级	重度污染
>300	六级	严重污染

请依据上表，编写一个空气质量计算器程序，用户从键盘输入空气质量指数后，判断并输出空气质量属于哪一个级别。

第4节　循环与穷举

1. 掌握 range() 函数的用法。
2. 学习使用 for 语句构建循环结构的程序，理解变量迭代的过程。
3. 理解并掌握双重循环和多重循环的执行过程。
4. 理解穷举法的基本思想和具体实现方法。

计算机程序包括三种基本的控制结构：顺序结构、选择结构和循环结构，我们在前面已经学习了顺序结构和选择结构的程序。在实际问题中，存在许多有规律的重复操作，解决这类问题的程序中会包含一些重复执行的语句，用循环结构的程序，可以在指定的条件下重复执行某段程序。本节我们学习 Python 中实现循环结构的 for 语句，并学习用穷举法编写程序解决问题。

一、情景导入

一天，明明家的网络突然断开了，在排除了硬件故障后，重新联通网络时，需要输入联网密码，密码是明明自己设定的，但是他已经忘记了，为此他拿出记事本查看，发现上面记录的包含六个数字的密码中只能看到左面的三个数字 5、7、3 和右面的一个数字 1，还有两个数字被污损，看不清了。明明想编写程序，通过列出所有可能的数字，即穷举出所有可能的数字后，找回这两个数字。本节我们用循环结构程序实现上述要求。

二、认识 for 语句

已污损的每个数字都是 0 到 9 这 10 个整数中的一个,因此解决找回密码的一项基本要求是让程序能列举出 0 到 9 的 10 个整数。

 编写程序，输出 0 到 9 的 10 个整数(包括 0 和 9)。

【操作步骤】

① 启动 Python，打开程序编辑窗口。

② 在程序编辑窗口中输入以下程序语句：

```
for i in range(0, 10):
    print(i)
```

③ 按 F5 键，以 "P0401.py" 为文件名，在自己的文件夹中保存程序后运行程序，得到如图 4.1 所示的结果。

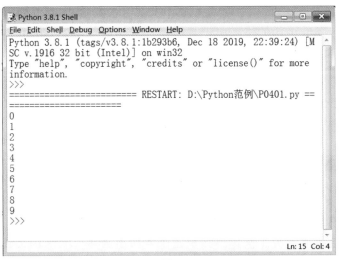

⊙ 图 4.1

在例 4.1 编写的程序中，使用 range() 函数表示 0 到 9 的 10 个整数组成的序列，使用 for 循环语句输出这 10 个整数。

1. range() 函数的用法

range() 函数的格式如下：

range(start, end, step)

其中 start、end、step 这三个参数分别为三个整数。

range()函数的功能：用来表示一个数字序列，数字序列中的数从 start 表示的数开始，到 end 表示的数之前结束，不包括 end 这个数，序列中每两个相邻的数之间的差为 step，step 也称为步长，step 这个参数可以省略，省略时默认为 1。

例如，例 4.1 中的 range(0, 10)表示数字序列 0, 1, 2, 3, 4, 5, 6, 7, 8, 9。

又例如 range(0, 11, 2)表示从 0 开始到 10 为止的偶数序列 0, 2, 4, 6, 8, 10，该数字序列从 0 开始到 10 为止，每两个相邻的数之间的差为 2。.

 说说看

　　如果要表示从 1 开始到 19 为止(包括 19)的所有奇数组成的数字序列，应使用什么形式的 range()函数。

实际编程时，range()函数常和循环结构的语句一起使用。

2. for 语句

for 语句的格式如下：

　　for 迭代变量 in 序列：
　　　　循环体语句块

上述语句的执行过程为：让迭代变量依次取序列中的各个元素，对每个元素执行一次循环体语句块。

如例 4.1 程序的 for 语句中的迭代变量是 i，运行程序时，i 依次取 range(0, 10)表示的数字序列中的各个元素，对每个元素执行一次"print(i)"语句，程序中的"print(i)"语句被循环执行 10 次，我们称它为一条循环体语句。被循环执行的语句可以不止一条，因此在上面提到的 for 语句的格式中把被循环执行的语句表述为循环体语句块。为了表示一个循环体语句块中的各条语句属于同一个 for 语句，编写程序时，这个循环体语句块中的各条语句要向右缩进同样的距离。

　　试试看

　　编写程序，输出 1 到 9 的所有奇数。

三、在 for 循环语句中使用 if 语句

明明经过回忆，想起自己设定的密码中的所有数字均为奇数，那么被污损的两个数字肯定也是奇数，于是他想到用程序输出所有的 2 位奇数。

例 4.2　编写程序，输出 11 到 99 的所有奇数。

【操作步骤】

① 启动 Python，打开程序编辑窗口。

② 在程序编辑窗口中输入以下程序语句：

```
for i in range(11, 100, 2):
    print(i, " ", end="")
```

③ 按 F5 键，以"P0402.py"为文件名，在自己的文件夹中保存程序后运行程序，得到如图 4.2 所示的结果。

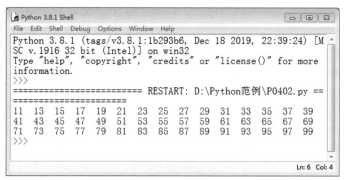

◎ **图 4.2**

在例 4.2 的程序中，使用 range(11, 100, 2) 表示 11 到 99 的所有奇数组成的序列，在"print(i, " ", end="")"语句的括号中，在 i 和 end 之间插入了包含一个空格的字符串" "，其作用是用空格隔开输出的两个数字。"end="""参数用来控制在输出中不换行。

除可以用例 4.2 给出的方法输出 11 到 99 的所有奇数之外，还可以在循环体语句块中设置 if 语句，实现同样的功能。

 编写程序，在 for 语句中使用 if 语句，输出 11 到 99 的所有奇数。

【操作步骤】

① 启动 Python，打开程序编辑窗口。

② 在程序编辑窗口中输入以下程序语句：

```
for i in range(11, 100):
    if i%2==1:
        print(i, " ", end="")
```

③ 按 F5 键，以"P0403.py"为文件名，在自己的文件夹中保存程序后运行程序，同样可以得到如图 4.2 所示的结果。

在例 4.3 编写的程序中，range(11, 100) 表示 11 到 99 的所有整数。for 语句的循环体语句块中包含两条语句，先使用 if 语句，通过"i%2==1"这个表达式判断 i 值是否为奇数，若 i 的值为奇数，则"i%2"的值必然为 1，此时执行"print(i, " ", end="")"语句，输出 i 这个数字。

试试看

编写程序，输出 1 到 100 的所有既能被 3 整除又能被 5 整除的数。

四、多重循环

例 4.2 和例 4.3 中输出的 11 到 99 的所有奇数都是 2 位数，因此，我们可以编写程序，对 2 位数的个位和十位分别进行穷举，将得到的两个数字组合在一起并判断组合后的数是否为奇数，用来实现例 4.2 和例 4.3 的要求，程序代码如下：

```
for i in range(1, 10):                # 外层循环
    for j in range(0, 10):            # 内层循环
        if (i*10+j)%2==1:
            print(i*10+j," ",end="")
```

上述程序中使用了双重循环，外层循环中的迭代变量 i 表示十位上的数字，它的初始值从 1 开始；内层循环中的迭代变量 j 表示个位上的数字，它的初始值从 0 开始。对于外层循环变量 i 的每一个值，执行一次完整的内层循环，通过"i*10+j"这个表达式，将变量 i 和 j 组合成为一个 2 位数。例如 i 为 5，j 为 4 时，组合成的 2 位数为 5*10+4=54。

上述程序的具体执行过程如下。

❖ 首次执行"for i in range(1, 10):"语句，变量 i 取值 1，然后第 1 次进入内层循环。

❖ 执行"for j in range(0, 10):"语句，变量 j 分别取 0, 1, 2, 3, 4, 5, 6, 7, 8, 9 这 10 个值，对 j 的每一个值，执行它所包含两条循环体语句，这样就可以实现对 2 位数 10, 11, ⋯, 19 这 10 个数的穷举，并对每个数进行相应的处理(如果某个数是奇数，就输出该数)。

❖ 执行完 i 为 1 时对应的内层循环语句块后，返回"for i in range(1, 10):"语句，变量 i 取值 2，第 2 次进入内层循环。

❖ 执行"for j in range(0, 10):"语句，变量 j 同样分别取 0, 1, 2, 3, 4, 5, 6, 7, 8, 9 这 10 个值，对 j 的每一个值，执行它所包含两条循环体语句，这样就可以实现对 2 位数 20, 21, ⋯, 29 这 10 个数的穷举，并对每个数进行相应的处理。

……

❖ 执行完 i 为 8 时对应的内层循环语句块后，返回"for i in range(1, 10):"语句，变量 i 取值 9，第 9 次进入内层循环。

❖ 执行"for j in range(0, 10):"语句，变量 j 同样分别取 0, 1, 2, 3, 4, 5, 6, 7, 8, 9 这 10 个值，对 j 的每一个值，执行它所包含两条循环体语句，这样就可以实现对 2 位数 90, 91, ⋯, 99 这 10 个数的穷举，并对每个数进行相应的处理。

❖ 第 9 次执行完内层循环后，返回"for i in range(1, 10):"语句，变量 i 取值 10，外层循环结束，这样就结束了整个程序。

从这个程序可知，在执行双重循环语句组成的程序时，外层循环所包含的循环体语句块每执行一次，内层循环所包含的循环体语句块全部循环执行一遍。

明明记得，在设定密码时，除密码的所有数字都是奇数这个条件外，他还设置了另外一个条件，因为他的生日是 2 月 4 日，为了便于记忆，他让这六位密码的数字之和等于 24。现在已经知道左面的三个数字 5、7、3 和右面的一个数字 1 的和是 16，因此剩余的两个位置上的数字和应为 8。根据这个条件，他进一步缩小了要寻找的两个数字的范围。

例 4.4 编写程序，输出 10～99 之间的个位数和十位数的数字之和为 8 的所有奇数。

【操作步骤】

① 启动 Python，打开程序编辑窗口。

② 在程序编辑窗口中输入以下程序语句：

```
for i in range(1, 10):
    for j in range(0, 10):
        if (i*10+j)%2==1 and (i+j==8):
            print(i*10+j," ",end="")
```

③ 按 <kbd>F5</kbd> 键，以"P0404.py"为文件名，在自己的文件夹中保存程序后运行程序，得到如图 4.3 所示的结果。

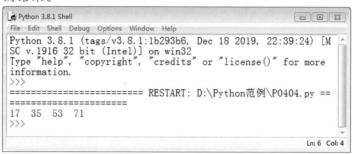

◉ 图 4.3

通过执行例 4.4 所编写的程序，明明缩小了要搜索的数字范围，他根据得到的四个结果分别进行测试，发现 7 和 1 是所求的那两个数字。因此，明明最后得到了他设定的密码：573711。

试试看

编写程序，使用双重循环输出从 10 到 99 的个位数字和十位数字都是奇数的 2 位数，如数字 17 满足条件，数字 27 则不满足条件。

五、求水仙花数

善于观察的明明发现，密码中的数字 7、1 与它们前面的数字 3 组成的三位数 371 有一个特点，它的各位数字的立方和等于这个数字本身，即 $3^3+7^3+1^3$ 的值恰好为 371。具有这样特点的三位数称为水仙花数。这样的数字不止 371 一个。

例 4.5 编写程序，输出三位数中所有的水仙花数。

【分析】有两种解决这个问题的方法。

第一种解决方法的程序代码如下：

```
for i in range(100, 1000):     # 让变量 i 遍历所有的 3 位数
    a=i%10                     # 分解出 i 的个位数字
    b=i//10%10                 # 分解出 i 的十位数字
    c=i//100                   # 分解出 i 的百位数字
    if a*a*a+b*b*b+c*c*c==i:
        print(i)
```

上述程序中，用变量 i 遍历所有的三位数，对每一个 i 的值，通过整除和求余运算符，分解出它的个位、十位、百位数字，并分别用变量 a、b、c 表示，然后依据水仙花数的条件，判断 a、b、c 这三个数字的立方和是否等于 i，如果等于，就输出 i 这个数。

第二种解决方法的程序代码如下：

```
for a in range(1,10):          # a 表示百位数字，让它遍历 1, 2, …, 9
    for b in range(0,10):      # b 表示十位数字，让它遍历 0, 1, 2, …, 9
        for c in range(0,10):  # c 表示个位数字，让它遍历 0, 1, 2, …, 9
            d=a*100+b*10+c
            if a*a*a+b*b*b+c*c*c==d:
                print(d)
```

上述程序使用了三重循环，分别用变量 a、b、c 表示一个三位数的百位、十位、个位数字，用变量 d 表示对应的三位数，然后依据水仙花数的条件进行判断，如果 d 是水仙花数，就输出这个数。

【操作步骤】

① 启动 Python，打开程序编辑窗口。

② 在程序编辑窗口中输入上述第二种解决方法中给出的程序语句。

③ 按 F5 键，以 "P0405.py" 为文件名，在自己的文件夹中保存程序后运行程序，得到如图 4.4 所示的结果。

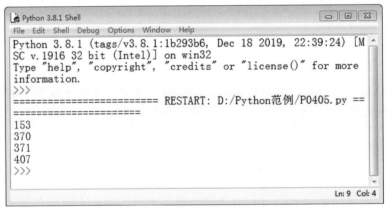

◉ 图 4.4

本节给出的程序通过一重循环或多重循环，用穷举的方法，列出每一种可能的情况，并进行判断，从而达到解决问题的目的，它们都依赖于计算机强大的计算能力。这种解决问题的方法称为穷举法。

穷举法的基本思想是针对一个问题，列举所有的可能情况，从中搜索正确的答案，具体执行步骤如下。

① 列出所有可能的情况。

② 对每一种情况用题目给定的条件进行判断，看其是否满足题目给定的条件。

③ 根据判断的结果，对不同的情况分别进行相应的处理。

　　明明所在的班级打算去内蒙古呼和浩特市昭君博物院开展研学活动。老师对本次研学活动设置了"昭君故里""青家今夕""文学艺术昭君""昭君文化与北方民族"四个探究主题。每个主题下设置了 5 个活动，共计 20 个活动。活动难度分为三个等级，分别为难、中、易。学校对研学活动提出以下要求：任何一个等级为"难"的活动应由 4 个人合作完成，任何一个等级为"中"的活动应由 2 个人合作完成，如果某个同学想单独完成任务，则他必须完成 1 个等级为"易"的活动。为了保证活动效果，要求每个学生只能选择 1 个难度为"难"或"中"或"易"的活动。明明所在班级共有 45 个同学，为了让 45 个同学都有任务，且 45 个同学能把 20 个活动选择完毕，老师在设计活动方案时，应分别设计几个等级为"难""中""易"的活动？例如，老师设计的方案中如果包括 7 个等级为"难"的活动，4 个等级为"中"的活动，9 个等级为"易"的活动，就能满足要求。请编写程序，输出满足要求的所有可能的设计方案。

第 5 节　用程序画图

1. 掌握使用 turtle 库画图的基本过程。
2. 会创建包含画布的窗体和设置画笔。
3. 掌握画线、点、圆和弧、文本的方法。
4. 会画出简单的几何图形。
5. 掌握随机整数生成函数的用法。

　　Python 提供了非常丰富的库，使用这些库，我们可以方便、快捷地处理各种问题。如我们在此前学习过 math 库，可以直接调用这个库中包含的工具进行数学计算。本节我们将学习 Python 中另外一个重要的标准库——turtle 库，使用它能够画出许多基本的图形。

一、情景导入

明明在学习了二进制后想编写一个程序，通过 Python 中的 turtle 库模拟显示灯的亮灭，用来表示一个二进制数，如图 5.1 所示。这个作品有以下特点。

① 为了让作品美观，明明设计了一个正方形边框，在框中画 4 个有颜色的实心圆，用它们分别表示 4 个灯。

② 黄色的圆表示灯处于亮的状态，对应二进制数中的数字 1，黑色的圆表示灯处于灭的状态，对应二进制数中的数字 0。

③ 运行程序时，4 个灯的亮灭状态随机生成，用它们表示一个 4 位二进制数。

④ 根据随机生成的 4 位二进制数，计算并输出它对应的十进制数。

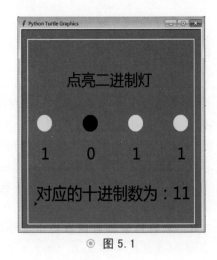

◎ 图 5.1

二、认识 turtle 库

turtle 的汉语意思是海龟，我们可以想象在一块画布的中心位置有一只海龟(它相当于一支画笔，后面的叙述中就把它称为画笔)，可以用程序控制这支画笔，让它四处游走，用它走过的轨迹描画出图形；除此之外，还能对画笔进行设置，如设置粗细、颜色等。

1. 创建包含画布的窗体

在用画笔画图前，先要创建一个包含画布的窗体，画布是一个绘图区域。

例 5.1 编写程序，使用 turtle 库创建一个 300 像素宽、200 像素高的窗体，把窗体中画布的背景设置为绿色。

【操作步骤】

① 启动 Python，打开程序编辑窗口。

② 在程序编辑窗口中输入以下程序语句：

```
import turtle
turtle.setup(300, 200)
turtle.bgcolor("green")
```

③ 按 F5 键，以 "P0501.py" 为文件名，在自己的文件夹中保存程序后运行程序，得到如图 5.2 所示的结果。

◎ 图 5.2

我们可以把 turtle 库理解为 Python 提供的一个绘图工具箱，工具箱里包含很多绘图的工具，在使用 turtle 库绘图前，需要通过 "import turtle" 语句导入 turtle 库，接下来才能在程序调用 turtle 库中的工具。

使用 turtle.setup() 语句，可以在屏幕上生成一个窗体，窗体中包含一块画布。

turtle.setup() 语句的格式如下：

```
turtle.setup(width, height, startx, starty)
```

上述格式中四个参数的含义分别为：

width——以像素为单位的窗体的宽度；

height——以像素为单位的窗体的高度；

startx——以像素为单位的窗体左边框与屏幕左边缘的距离；

starty——以像素为单位的窗体上边框与屏幕上边缘的距离。

后两个参数是可选项，如果语句中不包含这两个参数，窗体默认出现在屏幕的正中间。

上述参数的含义如图 5.3 所示。

屏幕坐标系以其左上角的顶点为原点 $(0,0)$，x 轴的正方向向右，y 轴的正方向向下。画布坐标系的原点 $(0,0)$ 位于画布的中心，它的 x 轴和 y 轴的正方向和我们在数学中学习过的坐标系的 x 轴和 y 轴的正方向相同。

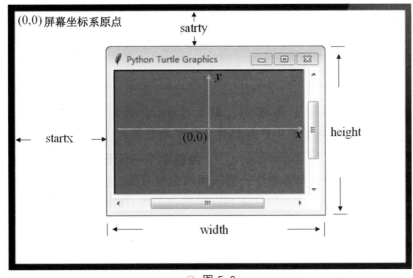

◎ 图 5.3

画布的坐标系把一块画布分成四个象限，坐标轴的度量单位是像素。例如点 $(50,50)$ 位于画布的第一象限，这里的 50 指的是 50 像素。同理，点 $(-50,50)$、点 $(-50,-50)$、点 $(50,-50)$ 分别在第二、第三、第四象限。

为了简化叙述，下面的内容中提到长度时，都只给出数字，不再说明其单位为像素。

2. 颜色的设置

turtle 库采用 RGB 色彩体系表示颜色，R、G、B 分别表示红色、绿色、蓝色三种基础颜色，当采用 RGB 整数模式时，R、G、B 的值分别是从 0 到 255 的整数；当采用 RGB 小数模式时，R、G、B 的值分别是从 0 到 1 之间的小数。无论采用什么模式，数值越大，都表示相对应的颜色越深。RGB 色彩体系以这三种颜色为基本色，叠加后调制出各种各样的颜色。

turtle 库允许使用以下几种方式设置颜色，例如可以用下述三个语句中的任何一个语句，把画布的背景设置为蓝色。

```
turtle.bgcolor("blue")          # 以字符串" blue "确定颜色的值
turtle.bgcolor(0, 0, 255)       # 以 RGB 整数模式确定颜色的值
```

turtle.bgcolor(0, 0, 1)　　　　　　# 以 RGB 小数模式确定颜色的值

可以使用"turtle.colormode(mode)"语句切换 RGB 色彩体系采用的模式,当参数 mode 的值为 1 时,表示采用 RGB 小数模式;当参数 mode 的值为 255 时,表示采用 RGB 整数模式。

表 5.1 列出了 turtle 库中几种常用的颜色。

表 5.1　**turtle 库中几种常用的颜色**

颜色中文名称	颜色英文名称	整数模式下的 RGB 值	小数模式下的 RGB 值
白色	white	255, 255, 255	1, 1, 1
红色	red	255, 0, 0	1, 0, 0
绿色	green	0, 255, 0	0, 1, 0
蓝色	blue	0, 0, 255	0, 0, 1
金色	gold	255, 215, 0	1, 0.84, 0
黄色	yellow	255, 255, 0	1, 1, 0
黑色	black	0, 0, 0	0, 0, 0

例 5.2　编写程序,创建一个大小为 300×200 的窗体,让窗体中画布的背景从黑色逐渐变成红色。

【操作步骤】

① 启动 Python,打开程序编辑窗口。

② 在程序编辑窗口中输入以下程序语句:

```
import turtle
import time                         # 导入 time 模块
turtle.colormode(255)
turtle.setup(300, 200)
for r in range(0, 256):
    turtle.bgcolor(r, 0, 0)
    time.sleep(0.02)                # 延时 0.02 秒
```

③ 按 F5 键,以"P0502.py"为文件名,在自己的文件夹中保存程序后运行程序,可以看到画布的背景从黑色逐渐变成红色。

例 5.2 中除导入了 turtle 库外,为了能观察到更好的颜色渐变效果,还导入了 time 库,并调用了"time.sleep(0.02)"语句,执行该语句,程序将暂停 0.02 秒。

三、画线段

1. 让画笔前进、后退指定的距离和转过指定的角度

新建画布时,画笔位于画布中央,面向右方。通过让画笔向不同方向运动,可以画出指向不同方向的线段,有关语句的格式如下:

```
turtle.forward(长度)      #画笔按其当前面向的方向,前进"长度"参数指定的距离
turtle.backward(长度)     #画笔按其当前面向的方向,后退"长度"参数指定的距离
turtle.left(度数)         #画笔从当前方向起,逆时针旋转"度数"参数指定的角度
turtle.right(度数)        #画笔从当前方向起,顺时针旋转"度数"参数指定的角度
```

默认情况下，使用上述语句中的前两条语句移动画笔时，将在画布中画出画笔移动的轨迹。

2. 设置画笔的颜色和粗细

使用下述格式的语句，可以设置画笔的颜色：

turtle.color（颜色）

上面语句中的"颜色"参数，可以是表 5.1 中的英文颜色名称组成的字符串，也可以是用三个数值表示的 RGB 颜色值。

使用下述格式的语句，可以设置画笔的粗细：

turtle.width（粗细）

上面语句中的"粗细"参数是一个数值。

例 5.3 编写程序，创建大小为 300×300 的窗体，把窗体中画布的背景设置为蓝色，在画布中画一个边长为 100 的正方形，要求正方形的边的颜色为黄色。

【操作步骤】

① 启动 Python，打开程序编辑窗口。

② 在程序编辑窗口中输入以下程序语句：

```
import turtle
turtle.colormode(255)
turtle.setup(300, 300)
turtle.bgcolor("blue")
turtle.color("yellow")
turtle.width(3)
for r in range(1, 5):
    turtle.forward(100)
    turtle.left(90)
```

◉ 图 5.4

③ 按 F5 键，以"P0503.py"为文件名，在自己的文件夹中保存程序后运行程序，结果如图 5.4 所示。

用"turtle.backward(-100)"语句代替例 5.3 中的"turtle.forward(100)"语句，程序的运行效果相同。

试试看

编写程序，创建一个大小为 400×400 的窗体，把画布的背景设置为红色，在画布中画一个边长为 150 的正方形，正方形的边的颜色为蓝色。要求在程序中使用"turtle.backward()"语句和"turtle.right()"语句。

3. 让画笔移动到指定的位置

让画笔移动到指定位置的语句的格式如下：

turtle.goto（点的坐标）

上面语句中的"点的坐标"参数是一对数值，分别用来指定点的横坐标和纵坐标。

有些情况下，我们在移动画笔的时候，不希望画出它移动的轨迹，这时可以用下述语句提起画笔：

turtle.up()

提起画笔后，当需要画出画笔移动的轨迹时，可以用下述语句再落下画笔：

turtle.down()

例5.4 编写程序，创建大小为 300×300 的窗体，把画布的背景设置为蓝色，沿着画布的四周画一个正方形，要求正方形的边的颜色为黄色。

【操作步骤】

① 启动 Python，打开程序编辑窗口。

② 在程序编辑窗口中输入以下程序语句：

◎ 图 5.5

```python
import turtle
turtle.colormode(255)
turtle.setup(300, 300)
turtle.bgcolor("blue")
turtle.color("yellow")
turtle.width(2)
turtle.up()
turtle.goto(-130,-130)
turtle.down()
turtle.goto(-130,130)
turtle.goto(130,130)
turtle.goto(130,-130)
turtle.goto(-130,-130)
```

③ 按 F5 键，以 "P0504.py" 为文件名，在自己的文件夹中保存程序后运行程序，结果如图 5.5 所示。

4. 画螺旋线

使用 Python 的 turtle 库提供的画图功能，可以画出美丽的图案。

例5.5 编写程序，画出如图 5.6 所示的螺旋线图案。

【操作步骤】

① 启动 Python，打开程序编辑窗口。

② 在程序编辑窗口中输入以下程序语句：

◎ 图 5.6

```python
import turtle
turtle.setup(300, 300)
turtle.bgcolor("yellow")
turtle.color("blue")
for i in range(0, 100):
```

```
        for j in range(0, 4):
            turtle.forward(2*i)
            turtle.left(91)
```

③ 按 F5 键，以"P0505.py"为文件名，在自己的文件夹中保存程序后运行程序，结果如图 5.6 所示。

例 5.5　用循环语句，通过让画笔转过一定的角度和逐渐加大画笔移动的长度，画一些线段，画出了非常美丽的图案。

试试看

参考例 5.5，修改画笔移动的距离和转过的角度，看看能不能画出其他美丽的图案。

四、画点

1. 画点

图 5.1 中所示的四个灯可以用画点的方法画出(这里所说的点指的都是圆形的点)，并可以通过设置画笔的颜色，画出不同颜色的点，用来表示灯的亮灭状态，例如用黄色表示灯亮，用黑色表示灯灭。

画点语句的格式如下：

　　turtle.dot(点的直径)

执行上述语句，根据"点的直径"参数的值，画出点。

例 5.6　编写程序，创建大小为 600×200 的窗体，把画布的背景设置为绿色，在画布上画 4 个直径为 50 的点，4 个点的中心的坐标分别为(-225, 0)、(-75, 0)、(75, 0)、(225, 0)。

【操作步骤】

① 启动 Python，打开程序编辑窗口。

② 在程序编辑窗口中输入以下程序语句：

```
import turtle
turtle.setup(600,200)
turtle.bgcolor("green")
turtle.color("yellow")
i=-225
while i<=225:
    turtle.up()
    turtle.goto(i, 0)
    turtle.down()
    turtle.dot(50)
    i=i+150
```

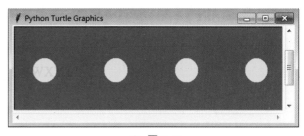

◎ 图 5.7

③ 按 F5 键，以"P0506.py"为文件名，在自己的文件夹中保存程序后运行程序，结果如图 5.7 所示。

2. while 语句

例 5.6 中，使用"turtle.dot(50)"语句画直径为 50 的点。在画 4 个点的过程中，使用了 Python 中实现循环结构的另一种语句：while 语句。

while 语句的格式如下：

　　while 条件：
　　　　循环体语句块

上述格式中的条件可以是任何表达式。

执行过程：

① 执行"while 条件:"语句，计算表达式的值。

② 如果表达式的值为 True，则转向③；如果表达式的值为 False，则转向④。

③ 执行循环体语句块，然后转向①。

④ 执行循环体语句块后面的程序语句。

例 5.6 中，变量 i 表示要画的点的中心的横坐标。首次执行"while i<=225:"语句时，因为 i 的初始值为-225，所以表达式"i<=225"的值为 True，因此执行它下面的包含 5 条语句的循环体语句块，画出一个点，并让 i 的值增加 150，这时 i 的值变成-75，然后返回"while i<=225:"语句，由于此时表达式"i<=225"的值仍然为 True，因此继续执行它下面的循环体语句块……

第 1、2、3、4 次执行循环体语句块后，i 的值分别为-75、75、225，375，这样在第 4 次执行完循环体语句块后，再返回"while i<=225:"语句时，由于这时表达式"i<=225"的值变为 False 了，因此不再执行它下面的循环体语句块，转向循环体语句块后面的程序，在例 5.6 中，由于循环体语句块后面没有程序语句了，因此结束程序。

五、画圆或弧

图 5.7 中 4 个表示灯的圆还可以使用画圆的语句画出来。

画圆或弧的语句的格式如下：

　　turtle.circle(半径, extent=角度)

上述格式中两个参数的含义如下。

① 半径：按半径的值画圆或弧，半径可以是正数也可以是负数，当半径为正数时，画笔按逆时针方向绕圆心转动画圆或弧；当半径为负数时，画笔按顺时针方向绕圆心转动画圆或弧。

② extent=角度：这个参数可以省略，如果省略，则画一个圆；如果不省略，则画一段弧，这段弧所对的圆心角等于给出的角度的值（以度为单位）。

例 5.7 编写程序，在大小为 800×400 的窗体的画布中画一个圆，圆心的坐标为 (-200, 0)，半径为 150；再在窗体中画一段弧，弧所在的圆的圆心坐标为 (200, 0)，半径为 150，所对的圆心角为 180 度。

【操作步骤】

① 启动 Python，打开程序编辑窗口。

② 在程序编辑窗口中输入以下程序语句：

```
import turtle
turtle.setup(800, 400)
turtle.width(2)
turtle.up()
turtle.goto(-200, -150)
turtle.down()
turtle.circle(150)
turtle.up()
turtle.goto(200, -150)
turtle.down()
turtle.circle(150, extent=180)
```

③ 按 F5 键，以 "P0507.py" 为文件名，在自己的文件夹中保存程序后运行程序，结果如图 5.8 所示。

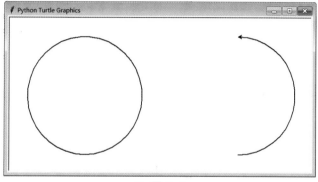

◎ 图 5.8

例5.8 编写程序，创建大小为 600×200 的窗体，把画布的背景设置为绿色，在画布上画 4 个半径为 25 的黄色的圆，圆心的坐标分别为(-225, 0)、(-75, 0)、(75, 0)、(225, 0)。

【操作步骤】

① 启动 Python，打开程序编辑窗口。

② 在程序编辑窗口中输入以下程序语句：

```
import turtle
turtle.setup(600, 200)
turtle.bgcolor("green")
turtle.color("yellow")
i=-225
while i<=225:
    turtle.up()
    turtle.goto(i, -25)
    turtle.down()
    turtle.circle(25)
```

  i=i+150

③ 按 F5 键，以"P0508.py"为文件名，在自己的文件夹中保存程序后运行程序，运行结果如图 5.9 所示。

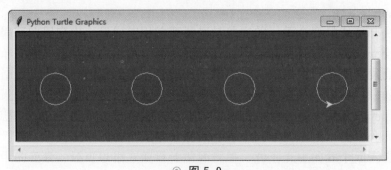

◎ 图 5.9

图 5.9 中画出的圆是空心的，可以使用下述语句给画出的封闭的图形填充颜色。

  turtle.fillcolor（颜色） #用给定的"颜色"参数，设定填充的颜色
  turle.begin_fill（） #开始填充
  turtle.end_fill（） #结束填充

把例 5.8 中编写的程序的循环语句程序段修改为如下形式，保存并运行程序，即可得到如图 5.7 所示的结果。

```
turtle.fillcolor("yellow")
while  i<=225:
    turtle.up()
    turtle.goto(i, -25)
    turtle.down()
    turtle.begin_fill()
    turtle.circle(25)
    turtle.end_fill()
    i=i+150
```

试试看

  在 IDLE 窗口中输入并执行"import turtle"语句，然后分别输入并执行"turtle.circle（100, extent=120）"语句和"turtle.circle（-100, extent=120）"语句，观察效果，对比当半径为正数或负数时，画笔的移动方向有什么不同？

六、随机数的应用

图 5.1 中的 4 个表示灯的圆的颜色是随机生成的，我们可以引入随机数生成函数，实现给圆随机填充黄色和黑色的效果。

在程序中导入 random 库后，就可以使用这个库中的随机整数生成函数了，调用该函数的语句格式如下：

  random.randint（n1, n2）

上述格式中的函数的参数 n1 和 n2 是两个整数，调用该函数可生成一个 n1 到 n2 的随机整数（包括 n1、n2）。例如，执行"random.randint(-3, 2)"语句，可以随机生成-3，-2，-1，0，1，2 这 6 个数中的任意一个数；执行"random.randint(0, 1)"语句，可以随机生成 0 或 1 这两个数中的任意一个数。

例 5.9 编写程序，创建大小为 600×200 的窗体，把画布的背景设置为绿色，在画布上画 4 个半径为 25 的圆，圆心的坐标分别为(-225, 0)、(-75, 0)、(75, 0)、(225, 0)，圆中随机填充黄色或黑色。

【操作步骤】

① 启动 Python，打开程序编辑窗口。

② 在程序编辑窗口中输入以下程序语句：

```
import turtle
import random
turtle.setup(600, 200)
turtle.bgcolor("green")
i=-225
while i<=225:
    k=random.randint(0, 1)    #k 等于随机生成的 0 和 1 这两个数中的任意一个数
    if k==0:
        s1="black"
    else:
        s1="yellow"
    turtle.fillcolor(s1)
    turtle.color(s1)
    turtle.up()
    turtle.goto(i, -25)
    turtle.down()
    turtle.begin_fill()
    turtle.circle(25)
    turtle.end_fill()
    i=i+150
```

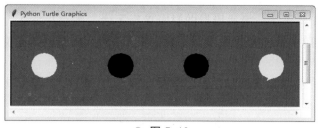

◎ 图 5.10

③ 按 F5 键，以"P0509.py"为文件名，在自己的文件夹中保存程序后运行程序，得到的结果可能如图 5.10 所示，所画出的 4 个圆中随机填充了黄色和黑色，如果你自己再次运行程序，可能得到不同的填充颜色效果。

例 5.9 的程序中，通过"k=random.randint(0,1)"语句，让变量 k 等于随机生成的 0 或 1，当 k 的值为 0，即关系表达式"k==0"的值为 True 时，用黑色填充圆的内部，这时把 s1 设置为字符串"black"；否则，用黄色填充圆的内部，这时把 s1 设置为字符串"yellow"，然后用 s1 表示的颜色画圆并在圆内填充颜色。

七、把二进制数转换为十进制数

二进制数只有 0 和 1 这两个数字符号。在二进制数中，每一个数字在不同的位置上有不同的权值。例如，二进制数 1001，这是一个 4 位的二进制数，4 个位置上的权值从右往左分别为 2 的 0 次方、2 的 1 次方、2 的 2 次方、2 的 3 次方。将二进制数转换为十进制数时，只需要把二进制数的每一位上的数字和对应的权值相乘，然后求和即可。例如，把二进制数 1001 转换为十进制数的计算过程如下：

$$1 \times 2^3 + 0 \times 2^2 + 0 \times 2^1 + 1 \times 2^0 = 9$$

例 5.10 编写程序，依次生成 4 个值为 0 或 1 的随机数，然后用这 4 个随机数充当一个 4 位二进制数各位上的数字，求出它对应的十进制数。

【操作步骤】

① 启动 Python，打开程序编辑窗口。

② 在程序编辑窗口中输入以下程序语句：

```python
import random
sum=0
i=3
print("二进制数 ", end="")
while i>=0:
    k=random.randint(0,1)
    sum=sum+k*2**i
    i=i-1
    print(k,end="")
print(" 转换成的十进制数等于", sum)
```

③ 按 F5 键，以 "P0510.py" 为文件名，在自己的文件夹中保存程序后运行程序，图 5.11 显示了两次运行程序的结果。如果再次运行程序，可能得到不同的二进制数及它们转换成 10 进制数的结果。

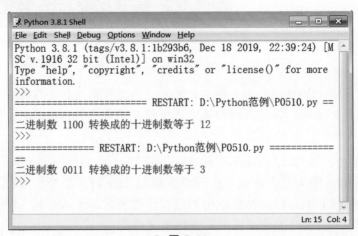

◎ 图 5.11

例 5.10 中用"sum=sum+k*2**i"语句，通过循环语句进行累加求和，一般在使用循环语句进行累加求和前，应把保存结果的变量的初始值设置为 0。

八、画文字

可以在画布上画文字，画文字语句的格式如下：

turtle.write(s, font=(字体名称, 字的大小, 字的类型))

上述格式中两个参数的含义如下：

① s 参数是一个字符串，表示要画出的文字内容。

② font 参数用来确定文字的格式，它是一个可选的参数，用来指定字体的名称、字的大小和字的类型。

例如调用"turtle.write(8, font=("微软雅黑", 40, "normal"))"语句，可以在画布上用"微软雅黑"字体，画出一个大小为 40 磅的常规类型的数字 8。

我们可以根据需求，在画布上确定好画笔的位置，然后画出指定的文字。至此，我们可以编写程序，实现图 5.1 所示的所有的功能了。

例 5.11 编写程序，完成图 5.1 所示的功能。

① 启动 Python，打开程序编辑窗口。

② 在程序编辑窗口中输入以下程序语句：

```
import turtle
import random
turtle.setup(600,600)
turtle.bgcolor("green")
turtle.width(3)              # 设置画笔的宽度为 3
#以下语句画出正方形边框
turtle.up()
turtle.goto(-280,-280)
turtle.down()
turtle.color("yellow")
for i in range(0, 4):
    turtle.forward(550)
    turtle.left(90)

# 以下语句画出标题
turtle.color("black")
turtle.up()
turtle.goto(-150,120)
turtle.down()
turtle.write("点亮二进制灯", font=("微软雅黑", 28, "normal"))
```

```
#以下语句实现"点亮二进制灯"的基本功能
i=-225
sum=0
while i<=225:
    f=random.randint(0,1)
    if f==0:
        s1="black"
    else :
        s1="yellow"
    turtle.up()
    turtle.goto(i, 20)
    turtle.down()
    turtle.dot(50, s1)                  # 画出表示灯的点
    turtle.up()
    turtle.goto(i-10, -100)             # 画出各个灯对应的二进制数字
    turtle.down()
    turtle.write(str(f), font=("微软雅黑", 28, "normal"))
    sum=2*sum+f
    i=i+150
turtle.up()
turtle.goto(-250,-220)
turtle.down()
turtle.write("对应的十进制数为："+str(sum), font=("微软雅黑", 30, "normal"))
```

③ 按 F5 键，以 "P0511.py" 为文件名，在自己的文件夹中保存程序后运行程序，图 5.1 显示了运行程序的一个可能的结果。如果你自己再次运行程序，可能得到不同的结果。

拓展任务

利用本节学习的知识，编写程序，画出如图 5.12 所示一朵花。

【提示】在实际编写程序前，可以尝试先运行以下程序，并分析其画图过程。

```
import turtle
for i in range(0, 4):
    turtle.circle(100, 90)
    turtle.left(90)
    turtle.circle(100, 90)
```

◉ 图 5.12

第6节 加密与解密

1. 了解加密与解密。
2. 学习并掌握字符串数据类型的相关操作。
3. 了解 Python 中方法的含义和调用方法的语句的格式。
4. 学习并掌握反转加密、恺撒加密的原理和实现过程。
5. 学习如何设计和实现暴力破解加密后密文的算法。

在科学技术的发展中,加密和解密是一对水火不容却又互相促进的科学技术。在信息技术高速发展的今天,人们对信息安全也越来越重视,对信息加密作为一种信息保护机制,在我们的现实生活中起着十分重要的作用。本节我们将学习 Python 中关于字符串的相关知识,并应用这些知识实现两种基本的加密和解密算法。

一、情景导入

明明收到了朋友寄给他的一份电子生日贺卡,但朋友和他开了一个玩笑,需要明明输入密码才能打开贺卡。密码是一个字符串,朋友对密码字符串用反转加密法和恺撒加密法进行了加密,然后把加密后得到的字符串"UHYHURIVGQHLUIHEOOLZHZ"告诉了明明,明明只有将这个字符串解密后,才能得到打开贺卡的密码,他想编一个程序解密,下面我们就来看看怎样通过计算机程序对文本信息进行加密和解密。

二、认识加密与解密

理解加密与解密的过程,需要弄明白以下三个基本概念。
① 明文:原始的信息。
② 密文:加密后的信息。
③ 密钥:实施加密算法和解密算法过程中输入的参数。

如果把明文标记为 P,且 P 为一个字符串(也称为一个字符序列),$P=[P_1P_2\cdots P_n]$;把加密后得到密文标记为 C,C 也是一个字符序列,$C=[C_1C_2\cdots C_n]$,P_i 和 C_i 均分别表示一个字符($i=1, 2, 3, \cdots, n$),则明文和密文之间的关系可以标记为:

$$C=\mathrm{E}(P) \qquad P=\mathrm{D}(C)$$

上面两个式子中，E 为加密算法，D 为解密算法。图 6.1 解释了明文和密文之间的关系。

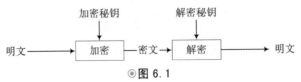

◎ 图 6.1

从图 6.1 可知，加密和解密的过程或者说加密和解密的算法，就是按照明文和密文的转换规则，对原始的明文和密文进行处理的过程。

通俗地说，算法指解决问题方法和步骤，它由解决问题的一系列清晰的指令组成，也就是说，对于一个问题，如果按照某种方法和步骤，能够根据规范的输入，在有限时间内获得所要求的输出结果，那么这种方法和步骤就称为一个算法。例如我们要制作鱼香肉丝这道菜，只要按照菜谱规定的方法和步骤正确地进行操作，就可以完成任务，因此，这个制作鱼香肉丝的菜谱就可以理解为一个算法。

三、字符串和反转加密

1. 认识字符串

在 Python 中，字符串是一种比较常用的数据类型，一个字符串由一个字符序列组成，这里说的字符包括字母、数字、符号。把一个字符序列用一对英文双引号或一对英文单引号括起来，就创建了一个字符串，例如 "happy" 或 'happy' 都是字符串，在这里 """" """ 是字符串两端的界定符号。不包含任何字符的一对英文双引号或一对英文单引号表示空字符串，例如执行 "mi="""" 语句后，得到的变量 mi 就是一个空字符串。

字符串是一个字符序列，序列中每个字符在字符串中都对应一个位置，在 Python 中，一个序列中不同的位置用不同的索引值表示，如图 6.2 所示，字符串 "happy" 中的每个字符都对应一个索引值，索引值是从 0 开始的编号。

h	a	p	p	y

索引值 0   1   2   3   4

◎ 图 6.2

由于字符串中每一个字符的位置与索引值有一一对应的关系，因此，可以通过索引值来获取字符串对应位置上的字符的值。例如，"happy"[0] 表示字符 'h'，"happy"[2] 表示字符 'p'。通常也把字符在字符串中位置的索引值称为下标。

```
>>> "happy"[0]
'h'
>>> "happy"[2]
'p'
>>>
```

◎ 图 6.3

在 Python 的 IDLE 窗口的 ">>>" 提示符右侧分别输入下述语句并按回车键后，可以得到如图 6.3 所示的结果。

"happy"[0]

"happy"[2]

在 Python 中，允许用负整数作为索引值，如图 6.4 所示，索引值 -1 对应字符串 "happy" 的最后的一个字符。

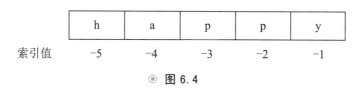

h	a	p	p	y

索引值　　　　-5　　　　-4　　　　-3　　　　-2　　　　-1

◉ 图 6.4

在 Python 的 IDLE 窗口的"＞＞＞"提示符右侧分别输入下述语句并按回车键后，可以得到如图 6.5 所示的结果。

"happy"[-2]

"happy"[-4]

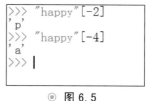

◉ 图 6.5

需要注意的是，不论使用正整数还是负整数作为字符串中字符的索引值，都不能让索引值越界。图 6.6 显示了当索引值越界时给出的错误提示。

```
>>> "happy"[6]
Traceback (most recent call last):
  File "<pyshell#4>", line 1, in <module>
    "happy"[6]
IndexError: string index out of range
>>> "happy"[-8]
Traceback (most recent call last):
  File "<pyshell#5>", line 1, in <module>
    "happy"[-8]
IndexError: string index out of range
>>>
```

◉ 图 6.6

2. 字符串的长度

一个字符串中包含的字符个数称为这个字符串的长度，使用函数 len(字符串)，可以求出字符串的长度，这里的"字符串"参数，可以是一个实际的字符串，例如"happy"；也可以是一个保存了某个字符串的变量名称。

在 Python 的 IDLE 窗口的"＞＞＞"提示符右侧分别输入下述两条语句并按回车键后，可以得到如图 6.7 所示的结果。

a="happy"

len(a)

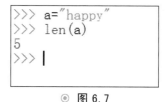

◉ 图 6.7

显然，如果用变量 a 保存一个字符串，则其包含的各个字符的合法的索引值范围是 0 到 len(a)-1。

3. 反转加密

反转加密是一种较为简单的加密算法。它的基本原理是将原始明文按倒序输出生成密文。例如，若原始明文是字符串"happy birthday"，经过反转加密算法加密后生成的密文为字符串"yadhtrib yppah"。下面我们设计程序实现反转加密。

例 6.1 编写程序，使用反转加密算法对明文字符串 "happy birthday"加密并输出密文字符串。

【操作步骤】

① 启动 Python，打开程序编辑窗口。

② 在程序编辑窗口中输入以下程序语句：

```
mw="happy birthday"
mi=""
i=len(mw)-1
while i>=0:
    mi=mi+mw[i]
    i=i-1
print(mi)
```

③ 按 F5 键，以"P0601.py"为文件名，在自己的文件夹中保存程序后运行程序，得到如图 6.8 所示的结果。

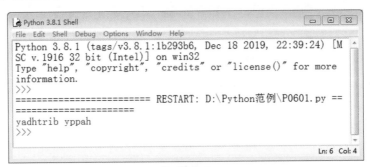

◉ **图 6.8**

例 6.1 的程序中分别使用变量 mw、mi 保存明文与密文字符串，在程序中，通过使用字符串的索引值，用 while 循环从后向前遍历字符串 "happy birthday"，获取字符串中的各个字符，将获取的字符存储到密文变量中，就实现了反转加密。

在例 6.1 中，变量 i 用于存储明文字符串各个字符对应的索引值，因为要进行反转加密，所以通过语句"i=len(mw)-1"，把变量 i 的初始值设置为明文字符串最后一个字符对应的索引值，即 len(mw)-1。

🐭 **试试看**

假设使用反转加密对原始明文加密后得到的密文为"nohtyP evol I"，请编写程序对密文解密，并输出解密后得到的原始明文。

四、字符串的操作

1. 转换字符串中字母的大小写

Python 对字符串提供了 upper()方法，调用这种方法的语句格式如下：

字符串.upper()

调用这种方法后返回一个新字符串，新字符串将原字符串中所有的小写字母都转换成大写字母，如果原字符串中某些字符不是小写字母，则这些字符保持原来的形式不变。

在 IDLE 窗口中调用 upper()方法的例子如图 6.9 所示。

这里的 upper() 称为字符串这种对象的一种方法，所谓某种对象的方法，用通俗的语言解释，就是指这个对象具有的本领，或者指这个对象能进行的操作。

调用对象方法的语句的一般格式为：

　　对象名称.方法(参数)

一个方法可以有参数，也可以没有参数，upper() 方法就没有参数。

```
>>> "Happy birthday".upper()
'HAPPY BIRTHDAY'
>>> a="I am a student."
>>> b=a.upper()
>>> print(b)
I AM A STUDENT.
>>> |
```

◉ 图 6.9

类似于 upper() 方法，Python 对字符串还提供了 lower() 方法，调用这种方法的格式语句如下：

　　字符串.lower()

调用这种方法后同样返回一个新的字符串，新字符串将原字符串中所有的大写字母都转换成小写字母，如果原字符串中某些字符不是大写字母，则这些字符保持原来的形式不变。

试试看

　　在 IDLE 窗口中调用 lower() 方法，分别将"I love Python "和"HAPPY BIRTHDAY"字符串中的大写字母字母全部转换为小写字母。

2. 在一个字符串中查找另一个字符串

Python 提供了字符串的 find() 方法，用来在一个字符串中查找另一个字符串首次出现的位置，最简单地调用 find() 方法的语句的格式为：

　　被查找的字符串.find(要查找的字符串)

如果用变量 a、b 分别表示两个字符串，则在 a 中查找 b 的语句格式如下：

　　a.find(b)

执行上述语句，如果在字符串 a 中存在字符串 b，则返回 b 在 a 中首次出现的位置的索引值；如果在字符串 a 中不存在字符串 b，则返回值-1。

在 IDLE 窗口中调用 find() 方法的例子如图 6.10 所示。

```
>>> "HAPPY BIRTHDAY".find("P")
2
>>> "HAPPY BIRTHDAY".find("M")
-1
>>> |
```

◉ 图 6.10

3. 字符串常用的几种方法

Python 中字符串还有许多非常实用的方法，表 6.1 列出了字符串常用的几种方法，为简化叙述，表的"方法"列中给出的各种方法省略了"."符号前的字符串。

表 6.1　字符串常用的几种方法

方　　法	功　　能	实　　例
.find(sub, start, end)	查找子串 sub 从索引值 start 到 end(不包括 end)的范围内第一次出现的位置的索引值，如果没找到，则返回−1	"HAPPYBIRTHDAY".find("RT", 5, 9) 的返回值为 7
.rfind(sub, start, end)	从尾部向前查找子串sub从索引值 start 到 end(不包括 end)的范围内最后一次出现的位置，如果没找到，则返回−1	"HAPPYBIRTHDAY".find("PPY",1,6) 的返回值为 2
.index(sub, start, end)	查找子串 sub 从索引值 start 到 end(不包括 end)的范围内第一次出现的位置的索引值，如果不存在，则抛出异常	"HAPPYBIRTHDAY".index("BI",2,7) 的返回值为 5
.count(sub, start, end)	返回子串 sub 从索引值 start 到 end(不包括 end)的范围内出现的次数，如果不存在，则返回 0。	"HAPPYBIRTHDAY".count("P",1,11) 的返回值为 2

试试看

在 IDLE 窗口中，验证表 6.1"实例"列中举出的各个例子，理解字符串这几种方法的功能。

4. 字符串的比较

可以用关系运算符"=="和"!="对两个字符串进行比较，判断它们是否相同或不相同，使用"=="和"!="判断两个字符串是否相同的例子如图 6.11 所示。

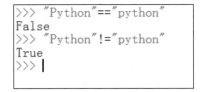

◎ 图 6.11

说说看

对图 6.11 中输入的两条语句的含义和出现的结果进行解释。

5. 判断两个序列是否存在包含关系

Python 提供了"in"和"not in"两个操作符用来判断两个序列是否存在包含关系，一个字符串就是一个字符序列，因此字符串也属于序列范围。"in"和"not in"操作符的功能和实例如表 6.2 所示，表中的 x 和 y 分别表示两个序列。

表 6.2　"in"和"not in"操作符的功能与实例

操作符	表达式示例	功　　能	实　　例
in	x in y	如果 x 包含在 y 中则返回 True，否则返回 False	""AP" in "HAPPY""的返回值为 True。""P" in "HAPPY""的返回值为 False
not in	x not in y	如果 x 不包含在 y 中则返回 True,否则返回 False	"AP" not in "HAPPY""的返回值为 False。""P" not in "HAPPY""的返回值为 True

试试看

在 IDLE 窗口中，验证表 6.2 "实例" 列中举出的例子，理解 "in" 与 "not in" 操作符的用法和功能。

五、恺撒加密法

恺撒加密法是罗马扩张时期朱利斯·恺撒创造的，用于加密信使传递的作战命令。恺撒加密法使用图 6.12 中的左图所示的加密轮盘上的信息把明文转成密文。加密轮盘外圈字母 A 下面有一个标志点·，它对应的内圈中的数字就是密钥。

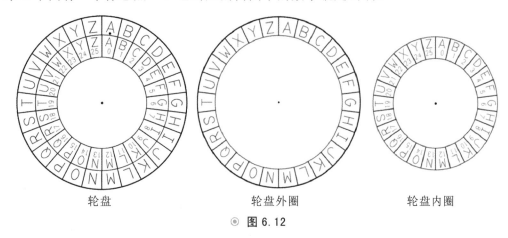

轮盘　　　　　　　　　　轮盘外圈　　　　　　　　　　轮盘内圈

◉ 图 6.12

密钥是加密或解密的关键。恺撒加密法使用的密钥为 0 到 25 的整数数字。例如要对信息 "THE SECRET PASSWORD IS ROSEBUD" 加密，假设使用的密钥为 8，为此旋转轮盘内圈，让外圈的字母 A 与内圈的数字 8 对齐，那么这条明文信息和加密后得到的信息的转换如图 6.13 所示。

```
T H E    S E C R E T    P A S S W O R D    I S    R O S E B U D
↓ ↓ ↓    ↓ ↓ ↓ ↓ ↓ ↓    ↓ ↓ ↓ ↓ ↓ ↓ ↓ ↓    ↓ ↓    ↓ ↓ ↓ ↓ ↓ ↓ ↓
B P M    A M K Z M B    X I A A E W Z L    Q A    Z W A M J C L
```

◉ 图 6.13

经过加密，这条信息从原来的 "THE SECRET PASSWORD IS ROSEBUD" 变成 "BPM AMKZMB XIAAEWZL QA ZWAMCJL"。如果你把这条信息发给他人，他人很难读懂它，除非你把密钥告诉他。

注：我们为了说明问题，在上面介绍的例子中的转换过程中对空格保留不变，实际上用恺撒加密法，不能对空格进行处理。

下面我们设计程序，用一个具体的例子说明如何实现凯撒加密法。

例 6.2 已知密钥 key 为 3，编写程序，使用恺撒加密法加密明文字符串"Happy birthday"并输出密文字符串。

① 启动 Python，打开程序编辑窗口。

② 在程序编辑窗口中输入以下程序语句：

```
mw="Happy birthday"          #原始明文字符串
key=3
mi=""
s="ABCDEFGHIJKLMNOPQRSTUVWXYZ"
mw=mw.upper()                #将原始明文字符串中的小写字母转换为大写字母
for i in mw:
    if i in s:
        num=s.find(i)
        num=num+key
        if num>=len(s):
            num=num-len(s)
        mi=mi+s[num]
print(mi)
```

③ 按 F5 键，以"P0602.py"为文件名，在自己的文件夹中保存程序后运行程序，得到如图 6.14 所示的结果。

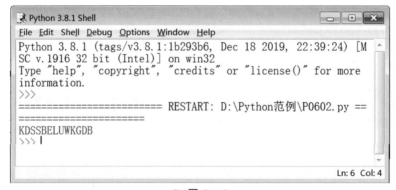

◉ 图 6.14

下面对例 6.2 中编写的程序进行解释。

① 在程序中，使用变量 s 保存图 6.12 所示的轮盘外圈的所有字母。仔细观察图 6.12 可知，轮盘外圈上的字母均为大写。因此，在对明文信息进行加密时也要保证其包含的字母均为大写，这样才能保证内圈和外圈字母大写形式的一致性，为此使用"mw=mw.upper()"语句，使得变量 mw 中保存的字母全部转换为大写。

② 程序中"for i in mw"语句的"in"与前面介绍的"in"操作符的含义不同。前面介绍的"in"操作符用来判断两个序列是否存在包含关系，而"for i in mw"语句中的"in"指的是将 mw 字符串中的各个字符依次赋给变量 i，对每一个 i，执行一次这个 for 语句包含的循环体语句块。例如，执行下述程序段，将依次输出 2、3、4、5。

```
for i in "1234":
print(int(i)+1)
```

③ 程序中"if i in s"语句用"in"操作符判断变量 i 中保存的字符(mw 中的一个字母)是否在字符串 s 中出现，若出现则进行加密操作。

④ 程序中使用"num=s.find(i)"语句查找 mw 中的字母在字符串 s 中的位置，并将它的值赋给变量 num。

⑤ 例 6.2 中，密钥 key=3，通过它可以将字符串 s 中的各个字母生成加密后对应的字母，如表 6.3 所示。

表 6.3　加密前后字母对照表

加密前字母	A	B	C	D	E	F	G	H	I	J	K	L	M	N	O	P	Q	R	S	T	U	V	W	X	Y	Z
加密后字母	D	E	F	G	H	I	J	K	L	M	N	O	P	Q	R	S	T	U	V	W	X	Y	Z	A	B	C

例如要对字母 H 加密，查看表 6.3 可知，字母 H 加密后对应的字母为 K，看一看程序是怎样找到 H 对应的字母 K 的？程序中首先通过④中说明的方法，找到字母 H 在字符串 s 中对应的索引值 num（等于 7），然后用"num=num+key"语句，将字母 H 对应的索引值 num 增加 key 的值 3，即可得到加密后 H 所对应的字母在字符串 s 中的索引值（7+3=10），然后根据得到的索引值（10），找到对 H 加密后对应的字母 K。

假设要对字母 Y 加密，字母 Y 在字符串 s 中的索引值为 24，由于密钥 key 的值为 3，根据"num=num+key"可知，由此得到的 num 值为 27，27 已经超出字符串 s 的索引值的范围。查看表 6.2 可知，字母 Y 加密后对应的字母为 B。如何求得这个字母呢？恺撒加密轮盘是一个环形，因此如果加密后字母在字符串 s 中的位置超出了字符串 s 索引值的范围，可以通过"num=num-len(s)"这个语句，对加密后字母对应的位置进行"回调"，从而找到加密后字母在字符串 s 中的正确位置。

六、暴力破解恺撒加密后的密文

所谓暴力破解，就是用第 4 节中介绍的穷举的方法，将密文可能对应的原始明文全部找出来，从中寻求正确的结果。

恺撒加密法的密钥为 0 到 25 的整数数字，因此其密钥的值共有 26 种可能，破译者可以对这 26 个值一一进行穷举，用它们分别对密文解密，然后对解密所得的结果进行分析，破解被加密的密文。

例 6.3　已知使用恺撒加密算法生成的密文字符串为"KDSSBELUWKGDB"，编写程序，用暴力破解的方法对密文解密，并输出解密后的结果。

① 启动 Python，打开程序编辑窗口。

② 在程序编辑窗口中输入以下程序语句：

```
mi="KDSSBELUWKGDB"
s="ABCDEFGHIJKLMNOPQRSTUVWXYZ"
mi=mi.upper()
for key in range(len(s)):
    mw=""
    for i in mi:
        if i in s:
            num=s.find(i)
```

```
num=num-key
if num<0:
    num=num+len(s)
mw=mw+s[num]
```
print("密钥=", key, "时，对应的原文为：", mw)

③ 按 F5 键，以"P0603.py"为文件名，在自己的文件夹中保存程序后运行程序，得到如图 6.15 所示的结果。

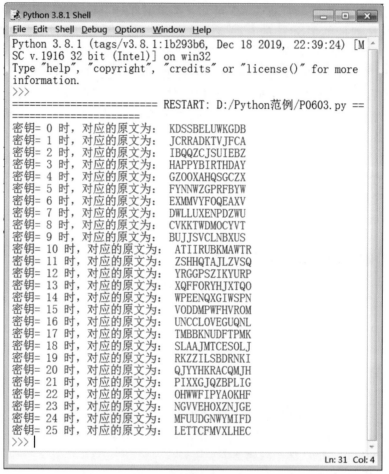

◎ 图 6.15

分析暴力破解后得到的结果可以知道，当密钥=3 时，对应的输出是有意义的明文信息，因此我们可以确定加密的密钥为 3。

在生活中，为了避免不法分子暴力破解用户设置的密码，一些网站在用户登录时，要用户填写验证码或进行图片识别，例如，中国铁路 12306 网站的登录界面如图 6.16 所示。

为了保护个人设置的密码，除了使用相关设施提供的保护机制外，个人也需要加强自我防范，如避免与他人共享密码，不在公共场合留下自己的密码，给自己的密码加密等。

◉ 图 6.16

　　回到本节开始，明明收到的打开电子贺卡的密码加密后的结果是字符串 "UHYHURIVGQHLUIHEOOLZHZ"，该字符串是通过反转加密法和恺撒加密法加密后得到的结果。请编写程序破解这个加密后的字符串，并输出破解后的结果。

拓展任务

　　在本节中你会发现，应用恺撒加密法，不能对非字母字符进行加密。这是恺撒加密法的一个缺点，如果要提高恺撒加密法的功能，使其对任意字符都能加密，则扩展后的恺撒加密法的密钥 key 的值的范围将不再是 0 到 25 的整数数字，它会随着加入新的字符信息而改变。请编写程序，加密字符串"hs2z@D_Y"并输出密文。

第 7 节　列表的应用

　　1. 认识列表数据类型，知道怎样访问列表中的元素。
　　2. 学习并掌握列表的基本操作。
　　3. 学会用列表组织和管理数据。

在此前编写的程序中，我们使用的变量都是独立的，每个变量保存一个数据，这类变量称为简单变量。在实际应用中，简单变量有时不能满足要求，例如一个班级中有若干学生，要计算他们某一门课程期末考试的平均成绩，如果用一个变量保存一个学生的成绩，需要设置若干变量，且因为这些变量间没有必然的联系，很难对它们进行处理。对于这类问题，Python 提供了一种解决方案，可以使用包含多个元素的列表，例如，可以设置一个列表，用列表中的各个元素分别保存每个同学的成绩。使用列表可以随时添加和删除其中的元素，还可以很方便设计循环程序，对列表中的各个元素进行处理。

一、情景导入

明明在学校参加了一个研习活动项目，活动中需要对 5 个同学分别进行访谈，为了保证访谈的客观性，明明首先对班级 45 个同学从 0 到 44 编号，并用计算机随机生成 5 个 0 到 44 的整数（包含 0 和 44），不同的数对应不同同学的编号，然后明明对这些随机生成的数从小到大排序，按照排好的顺序找同学访谈。明明经过分析后，设计了一个访谈人员姓名随机生成程序。

二、认识列表

1. 创建列表

要建立一个访谈人员姓名随机生成程序，一项基本的要求是能够将班级 45 名同学的姓名存储起来，以便后续随机进行挑选。利用 Python 提供的列表，可以对多个数据进行存储。

例如，我们要存储 10 个同学的姓名，可以写成如下形式：

name=["张明","李红","朱才","李非","王贺","李亮","吴华","马兰","何青","刘桃"]

这样，我们就创建了一个用于存储同学姓名的列表。在 Python 中，用一对 " [" "] " 和其中包含的若干元素表示列表，并用逗号分隔列表中的各个元素。"name" 是一个变量名，用来表示列表的名称，可以直接用赋值号 "=" 将列表内容赋给变量 name。

列表是一种新的数据类型，我们之前学过数值类型、字符串类型等，而列表中存储的各个数据可以是任意的数据类型，例如：

num=[2, 5, 3, 7, 4]

name=["张明", "李红", "朱才"]

things=["A", "b", "DF", 5, ["张明", "李红"]]

letters=[]

上面给出了 4 个列表的例子，其中，列表 num 中存储的每个元素都是数字；列表 name 中存储的每个元素都是字符串；列表 things 中存储的元素既有字符串、数字，也有列表；列表 letters 没有存储任何元素，它是一个空列表。

为了叙述方便，把列表中的每一个元素也称为一个列表项。

2. 访问列表中的元素

创建好学生姓名列表后,我们希望能访问列表里存储的每个元素(在程序中获取或修改某个元素的值,统称为访问这个元素)。

还记得之前学习过的字符串吗?一个列表和一个字符串都分别构成了一个序列,因此列表中的每个元素都有和它对应的一个索引值,用来标识各元素在列表中的位置,和字符串一样,列表中的索引值也是从 0 开始。name 列表中各个列表项和它们对应的索引号如表 7.1 所示。

表 7.1　**name** 列表中各个列表项对应的索引值

列表项	"张明"	"李红"	"朱才"	"李非"	"王贺"	"李亮"	"吴华"	"马兰"	"何青"	"刘桃"
索引值	0	1	2	3	4	5	6	7	8	9

① 可以通过列表项的索引值,获取它在列表中对应的那个元素的值。例如:

```
>>> name=["张明","李红","朱才","李非","王贺","李亮","吴华","马兰","何青","刘桃"]
>>> name[0]
'张明'
>>> a=name[5]
>>> print(a)
李亮
>>> name[10]
Traceback (most recent call last):
  File "<pyshell#4>", line 1, in <module>
    name[10]
IndexError: list index out of range
```

使用“name[10]”语句时出现了错误提示信息,因为列表 name 元素的索引值最大为 9,该语句中的索引值 10 已经超出了索引范围。为了避免这样的错误发生,对于存储大量数据的列表,可以通过 len() 函数获取列表中元素的个数,从而确定索引值的最大值。例如:

```
>>> name=["张明","李红","朱才","李非","王贺","李亮","吴华","马兰","何青","刘桃"]
>>> len(name)
10
```

显然对于列表 name,索引值的最大值为 len(name)-1。

② 可以通过列表项的索引值,修改它在列表中对应的那个元素的值。例如:

```
>>> num=[-2, 3, 1, 5, 7]
>>> num[2]
1
>>> num[2]=10
>>> num
[-2, 3, 10, 5, 7]
```

试试看

将 name 列表中索引值分别为 2、4、5、3、7 的列表项，依上述顺序存储到一个新的列表 name1 中。

三、列表的基本操作

1. 向列表中追加元素

使用列表的 append()方法，可以在列表的尾部追加一个元素，语句的格式如下：

列表名称. append(x)

调用上述语句，可以在列表尾部追加 x 这个元素的值，例如：

```
>>> a=[5, 3, 4]
>>> a.append(7.5)
>>> a
[5, 3, 4, 7.5]
```

例 7.1 编写程序，在 0 到 9 之间随机生成 5 个数，将其存储在在列表 num 中，然后输出列表 num 的所有元素。

【操作步骤】

① 启动 Python，打开程序编辑窗口。

② 在程序编辑窗口中输入以下程序语句：

```
import random
num=[];
for i in range(0, 5):
    num.append(random.randint(0, 9))
print(num)
```

③ 按 F5 键，以"P0701.py"为文件名，在自己的文件夹中保存程序后运行程序，可能得到的结果如图 7.1 所示。

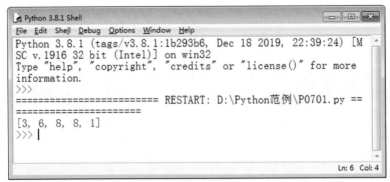

◎ 图 7.1

在例 7.1 的程序中，用"num=[]"语句创建一个空列表，然后通过循环语句，利用列表的 append()方法，将随机生成的元素追加到列表 num 中。

2. 向列表中插入元素

使用列表的 insert()方法，可以在列表中指定的位置插入一个元素，语句的格式如下：

列表名称.insert(i, x)

调用上述语句，可以将元素值 x 插入到列表中索引值为 i 的位置上，例如：

```
>>> a=[5, 3, 4]
>>> a.insert(1, 2)
>>> a
[5, 2, 3, 4]
```

3. 删除列表中的元素

使用列表的 remove()方法，可以在列表中删除一个元素，语句的格式如下：

列表名称. remove(x)

调用上述语句，将删除列表中第一个值为 x 的元素，例如：

```
>>> a=['B', 'A', 'C', 'A', 'B']
>>> a.remove('A')
>>> a
['B', 'C', 'A', 'B']
>>> a.remove('B')
>>> a
['C', 'A', 'B']
```

4. 统计列表中某个元素出现的次数

使用列表的 count()方法，可以统计列表中某个元素出现的次数，语句的格式如下：

列表名称.count(x)

调用上述语句，可以统计列表中值为 x 的元素出现的次数，例如：

```
>>> a=[3, "ad", "2a", "ad", 4]
>>> a.count("ad")
2
```

例 7.2 编写程序，对列表 num=[3, 6, 8, 8, 8, 6, 1]中所有重复的元素，只保留一个。

【操作步骤】

① 启动 Python，打开程序编辑窗口。

② 在程序编辑窗口中输入以下程序语句：

```
num=[3, 6, 8, 8, 8, 6,1]
print("原列表：",num)
num_1=num
for x in num:
    while num_1.count(x)>1:
        num_1.remove(x)
```

print("删除重复元素后的列表：", num_1)

③ 按 F5 键，以"P0702.py"为文件名，在自己的文件夹中保存程序后运行程序，得到如图 7.2 所示的结果。

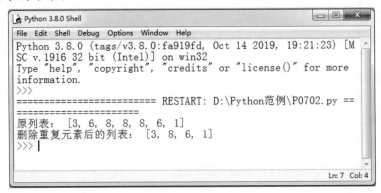

◉ **图 7.2**

例 7.2 中，将列表 num 的值赋给一个新列表 num_1，这样两个列表完全相同。通过 for 循环遍历列表 num 中的每一个元素，对遍历的每个元素，通过 while 循环在列表 num_1 中统计该元素出现的次数，如果统计得到的次数大于 1，说明该元素存在重复项，在列表 num_1 中删除首次出现的该重复项。循环结束后，列表 num_1 中剩余的项就是列表 num 中去掉所有重复项后的结果。

5. 其他删除列表中元素的语句

其他删除列表中元素的语句如表 7.2 所示，该表"语句"列中的 a 表示一个列表，x 表示列表中一个元素的值，i 表示索引值。

表 7.2　其他删除列表中元素的语句

语　句	功　能	实　例	
a.pop(i)	i 为可选参数，如果给出 i，则删除列表中以 i 为索引值的元素，并返回该元素；如果未给出 i，则删除列表的最后一个元素，并返回该元素	a=[3,"ad","2a","ad",4] a.pop(1) print(a)	输出[3, '2a', 'ad', 4]
		a=[3,"ad","2a","ad",4] a.pop() print(a)	输出[3, 'ad', '2a', 'ad']
		a=[3,"ad","2a","ad",4] print(a.pop(2))	输出 2a
del a[i]	可以删除列表中指定的元素，也可以删除整个列表	a=[3,"ad","2a","ad",4] del a[2] print(a)	输出[3, 'ad', 'ad', 4]
		a=[3,"ad","2a","ad",4] del a　　#删除整个列表 a	
a.clear()	清空列表	a=[3,"ad","2a","ad",4] a.clear() print(a)	输出[]

试试看

使用如下两种方式替换例 7.2 中"num_1.remove(x)"语句，看看会得出什么结果？

替换方式一：替换为"del a[x]"

替换方式二：替换为"num_1.pop(num_1.index(x))"

说明：index()方法用于返回在列表中找到的某个值的第 1 个匹配项的索引值。

例如：

```
>>> a=[3, "ad", "2a", "ad", 4]
>>> a.index("ad")
1
>>> a.index(4)
4
```

6. 对列表的数据排序

使用列表的 sort()方法，可以对列表的数据排序，语句的格式如下：

列表名称.sort(x)

例如：

```
>>> a=[5, 7, -2, 0, 4, 6]
>>> a.sort()
>>> a
[-2, 0, 4, 5, 6, 7]
>>> a=['BD', 'AC', 'AD', 'B']
>>> a.sort()
>>> a
['AC', 'AD', 'B', 'BD']
```

用 sort()方法对列表中的元素排序时，默认按升序排序，若需要对列表元素按降序排序，则需要给 sort()方法加上参数"reverse=True"。例如：

```
>>> a=[5, 7, -2, 0, 4, 6]
>>> a.sort(reverse=True)
>>> a
[7, 6, 5, 4, 0, -2]
```

三、设计随机生成访谈人员姓名的程序

现在我们可以完成本节开始时提到的明明要设计的程序了。

例 7.3 已知以下列表：

name=["张明", "李红", "朱才", "李非", "王贺", "李亮", "吴华", "马兰", "何青", "刘桃"]

编写程序，随机生成 5 个 0 到 9 的不重复的整数，然后把这些数从小到大排序，按照排好的顺序输出其对应的姓名。

【操作步骤】

① 启动 Python，打开程序编辑窗口。

② 在程序编辑窗口中输入以下程序语句：

```
name=["张明","李红","朱才","李非","王贺","李亮","吴华","马兰","何青","刘桃"]
num=[]              #该列表用于存储随机生成的索引值
name_1=[]           #该列表用于存储随机生成的 5 个姓名
# while 循环语句用于产生包含 5 个无重复数字元素的 num 列表
while len(num)<5:
    i=random.randint(0,9)
    if i not in num:
        num.append(i)
num.sort()
#for 循环语句用于将随机生成的索引值对应的姓名存储到列表 name_1 中
for j in num:
    name_1.append(name[j])
print("随机访谈的同学姓名列表：", name_1)
```

③ 按 F5 键，以 "P0703.py" 为文件名，在自己的文件夹中保存程序后运行程序，可能得到的一个结果如图 7.3 所示。

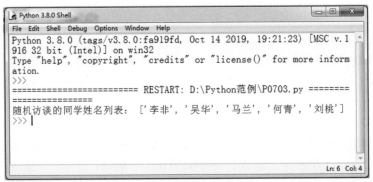

◉ 图 7.3

拓展任务

1. 明明所在班级有 45 名同学，每个同学的学号分别是 0 到 44 的一个整数。现在老师想把 45 名同学随机分为 9 组，每组 5 个同学，各组的学生不能重复，请你设计程序，对全班同学随机分组并按照学号从小到大的顺序输出每一组学生的学号。

2. 使用 Python 中的 sort() 方法可以非常方便地对列表中的数据排序。其实在计算机科学领域有许多实现排序的算法，冒泡排序法就是其中的一种。

假设有 n 个数，以升序排序为例，冒泡排序法的思想如下。

首先比较第 1 个数和第 2 个数，若第 1 个数大于第 2 个数，则交换这两个数的位置，否则维持两个数的原来位置；然后比较第 2 个数和第 3 个数，按照比较结果进行类似的操作……以此类推，直到对第 $n-1$ 个数和第 n 个数进行比较和处理为止。上述过程称为第 1 遍冒泡排序，其结果使得值最大的数据被放在最后的位置上。

接着进行第 2 遍冒泡排序，对前 $n-1$ 个数进行同样的操作，其结果使得值第 2 大的数据被放在倒数第 2 的位置上

······

经过 $n-1$ 遍冒泡排序后，这一组数据将按值的大小有序排列。在上述用冒泡法排序的过程中，值较小的数据好比水中的气泡逐渐上升，而值较大的数据则好比石头逐渐往下沉。

下面用一个具体的例子介绍冒泡法排序的过程。

假设有 6、4、10、2 和 8 这样 5 个数，用冒泡法按从小到大的顺序对它们排序，整个过程可以分 4 遍完成。

我们用 5 个矩形条分别表示 6、4、10、2 和 8 这 5 个数，刚开始时，5 个数的排列顺序如图 7.4 的 (a) 图所示。第 1 遍排序，对 5 个数进行处理，具体过程如下。

先比较 (a) 图中的第 1 个数和第 2 个数，第 1 个数较大，交换它们的位置，结果如图 7.4 的 (b) 图所示；

再比较 (b) 图中的第 2 个数和第 3 个数，第 2 个数比较小，保持原位置不动，结果如图 7.4 的 (c) 图所示；

再比较 (c) 图中的第 3 个数和第 4 个数，第 3 个数比较大，交换它们的位置，结果如图 7.4 的 (d) 图所示；

最后比较 (d) 图中的第 4 个数和第 5 个数，第 4 个数比较大，交换它们的位置，结果如图 7.4 的 (e) 图所示。

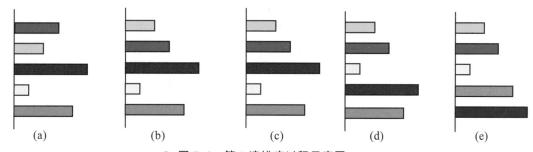

(a)　　　　　　(b)　　　　　　(c)　　　　　　(d)　　　　　　(e)

◉ 图 7.4　第 1 遍排序过程示意图

请注意，第 1 遍排序的处理过程分 4 次完成，到最后，最大的那个数 10 沉到最底下。

现在 5 个数的排列顺序如图 7.5 的 (a) 图所示。

第 2 遍排序对前 4 个数进行处理，过程如图 7.5 所示，最后第 2 大的那个数 8 排在了倒数第 2 的位置上，这个过程分 3 次完成。

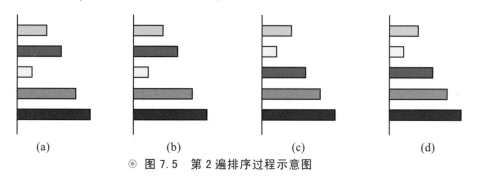

(a)　　　　　　　(b)　　　　　　　(c)　　　　　　　(d)

◉ 图 7.5　第 2 遍排序过程示意图

现在 5 个数的排列顺序如图 7.6 的 (a) 图所示。

第 3 遍排序对前 3 个数进行处理，过程如图 7.6 所示，最后第 3 大的那个数 6 排在了倒数第 3 的位置上，这个过程分 2 次完成。

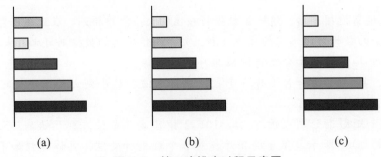

(a)   (b)   (c)

◉ 图 7.6　第 3 遍排序过程示意图

现在 5 个数的排列顺序如图 7.6 的 (c) 图所示。

第 4 遍对第 1、2 个进行处理，第 1 个数小于第 2 个数，不动它们的位置。到此为止，排序结束。

现在这 5 个数就按从小到大的要求排好了顺序。整个过程需要 4＋3＋2＋1=10 次操作。

请你设计程序，构作一个包含 8 个数的列表，用冒泡排序法，按升序对列表中的数据排序。

第 8 节　字典的应用

1. 认识字典、元组数据类型。
2. 学习并掌握对字典的基本操作。
3. 学会运用字典组织、管理数据
4. 认识列表、字典的异同点，在实际应用中会恰当选择数据类型。

通过前面学习的列表和本节学习的字典、元组，可以更好地表达和处理相对复杂的数据。

在实际生活中有的数据成对出现，比如一份成绩表数据，语文：98，数学：96，英语：97，在这组数据中，学科和成绩具有对应关系。此时我们可以用两个列表分别保存学科名称和成绩，但是用两个列表分别保存这些数据，不能很好地反映数据之间的对应关系。Python 提供了字典数据类型，使用它能够保存具有对应关系的数据。本节我们学习什么是字典以及如何使用字典，同时学习元组的基本知识。

一、情景导入

明明是班级小书库的管理员，他给小书库中的每一本图书设定了一个编号，例如《Python 程序设计》这本书对应的编号为 10001。明明的主要任务是负责查找小书库中的图书，收回借出的图书和从书库向外借出图书。熟悉了工作流程后，他打算用 Python 编写一个简单的图书管理系统，用程序设计一个书库，用来保存所有的图书信息。该系统具有以下几项基本功能。

① 能根据图书名称在书库中查找图书的信息。

② 能收回借出的图书或向书库新增图书。

③ 能从书库向外借出图书，并从书库中删除被借出的图书。

二、认识字典

想要建立一个图书管理系统，前提是将图书的基本信息保存起来，一本图书的基本信息包括：编号、书名、作者、价格等。例如，在明明班级小书库中的《Python 程序设计》这本书的编号为 10001，作者为张元，价格为 35 元。分析图书的基本信息，我们可以梳理出四组有对应关系的数据：编号：10001；书名：Python 程序设计；作者：张元；价格：35。像这样存在一一对应关系的数据，可以使用字典这种数据类型保存。

1. 创建字典

定义一本图书的基本信息的字典如下：

book_1={"编号": 10001, "书名": "Python 程序设计", "作者": "张元", "价格": 35}

其中，"编号"、"书名"、"作者"、"价格"称为键(key)，对应的 10001、"Python 程序设计"、"张元"、35 称为值(value)。字典中的键和值必须成对出现(称为键—值对)。整个字典内容包括在一对花括号"{""}"中，它的每个键和对应的值用冒号":"分隔，每个键—值对之间用逗号","分隔。

一个字典中不应出现相同名称的键，但键对应的值可以相同，值可以是任意的数据类型(字符串、数字、列表、字典等)，例如：

book_2={10001:{"书名":"Python 程序设计", "作者": "张元", "价格":35}}，

在上面这个字典中，键为 10001，值也是一个字典。

一个字典中若出现相同名称的键，默认取最后一个键—值对作为整个字典的值，例如：

>>> book_3={"书名": "Python 程序设计", "书名": "Python 编程入门"}

>>> book_3

{'书名': 'Python 编程入门'}

这样会出现混乱，因此在解决实际问题的过程中，若用字典保存数据，使用的键必须是唯一的。例如，要建立一个字典 book{}保存多本书的信息。如果保存一本书时，设置

book={"编号": 10001, "书名": "Python 程序设计"}

如果按以下方式把第二本书的信息加入字典 book{}中：

book={"编号": 10001, "书名": "Python 程序设计",
　　　　 "编号": 10002, "书名": "Python 编程入门"}

在字典 book{}中，出现了同名的键："编号"与"书名"，这样定义的字典没有作用，对每一本书应该设定一个唯一确定的键，我们知道每本书的编号是唯一的，因此可以把上面提到的字典 book{}修改为：

book={10001:{"书名": "Python 程序设计"}, 10002:{"书名": "Python 编程入门"}}。

还可以混合使用列表和字典保存若干本书的信息。例如，可以按以下方式建立一个列表来保存相关的信息：

list_book=[{"编号":10001, "书名":"Python 程序设计"},
　　　　　 {"编号":10002, "书名":"Python 编程入门"}]

上述列表中有两个列表项，每个列表项都是一个字典，用不同的字典保存不同的书的基本信息，以便反映数据间的对应关系。

2. 访问字典中的值

对于列表，可以通过索引值访问列表项；对于字典，则可以通过键访问它对应的值，例如：

```
>>> a={"语文": 98, "数学": 96, "英语": 93}
>>> a["数学"]            #获取"数学"键对应的值
96
>>> a["数学"]=90         #修改"数学"键对应的值
>>> a                    #显示字典的内容
{'语文': 98, '数学': 90, '英语': 97}
>>> b={11:"张亮", 12:"罗明"}
>>> b[12]
'罗明'
>>> b[11]="王海"
>>> b
{11: '王海', 12: '罗明'}
>>> b[13]       #因为字典中不包含 13 这个键，因此给出以下出错信息
Traceback (most recent call last):
  File "<pyshell#1>", line 1, in <module>
    b[13]
KeyError: 13
```

3. 给字典增加键—值对

调用"字典名[键]=值"这样的语句时，如果字典中存在语句中给出的那个键，则给该键对应的元素赋值；如果字典中不存在语句中给出的那个键，则给字典增加一个新的键—值对，例如：

```
>>> b={11:"王海", 12:"罗明"}
>>> b[13]="李亮"
>>> b
{11: '王海', 12: '罗明', 13: '李亮'}
```

三、根据图书名称查找图书的信息

明明要设计的图书管理系统的第一项功能是根据图书名称查找图书的信息，下面编写程序实现这项功能。

例8.1 编写程序完成以下任务：设置一个 list_book 列表，表示书库中包含的图书信息，列表中包含 3 个元素，每个元素是一个字典，每个字典中包含一本图书的基本信息(图书编号、书名、作者、价格)，然后依次输出每一本图书的基本信息。

【操作步骤】

① 启动 Python，打开程序编辑窗口。

② 在程序编辑窗口中输入以下程序语句：

```
list_book=[]
list_book.append({'num':'10001','nae':'Python 程序设计','aor':'张元','moy":35})
list_book.append({'num':'10002','nae':'Python 编程入门','aor':'李亮','moy":42})
list_book.append({'num':'10003','nae':'Python 基础知识','aor':'罗海','moy":37})
for every_book in list_book:                #用变量 every_book 遍历 list_book
    for key in every_book:                  #用变量 key 遍历 every_book
        print(every_book[key], " ", end="")     #显示每个键对应的值
    print()
```

③ 按 F5 键，以 "P0801.py" 为文件名，在自己的文件夹中保存程序后运行程序，得到的结果如图 8.1 所示。

⊚ **图 8.1**

例 8.1 的程序中，用变量 every_book 遍历列表 list_book 中的每个列表项，因此变量 every_book 表示一个字典类型的数据。用变量 key 遍历字典 every_book 中的每个键，因此 key 表示字典中的键，然后用 "every_book[key]" 获取每个键对应的值。

例8.2 在例 8.1 的基础上编写程序完成以下任务：用户从键盘输入一本图书的名称，在书库中查找这本图书，如果找到这本图书，就显示它的基本信息；如果找不到这本图书，就显示"未找到此书"。

【操作步骤】

① 启动 Python，打开程序编辑窗口，打开此前编写的"P0801.py"程序。

② 按下述语句，修改原来的程序：

```
list_book=[]
list_book.append({'num':'10001','nae':'Python 程序设计','aor':'张元','moy':35})
list_book.append({'num':'10002','nae':'Python 编程入门','aor':'李亮','moy':42})
list_book.append({'num':'10003','nae':'Python 基础知识','aor':'罗海','moy':37})
#f 为标记变量，用于判断是否已找到要查找的图书
f=0                              #先把 f 设置为 0
find_nme=input("请输入要查询的图书名称：")
for every_book in list_book:
    if find_nme==every_book["nae"]:
        f=1                      #找到图书，把 f 设置为 1
        for key in every_book:   #输出图书的信息
            print(every_book[key]," ",end="")
        break                    #若已找到图书，跳出循环
    if f==0:
        print("未找到此书")
```

③ 按 F5 键，以"P0802.py"为文件名，在自己的文件夹中保存程序后分两次运行程序，得到的结果如图 8.2 所示。

◉ **图 8.2**

本例中使用"if find_nme==every_book["nae"]:"语句，判断要查询的图书名称是否等于字典 every_book 的键"nae"对应的值，如果等于，表示找到这本图书，将变量 f 设置为 1。

在执行完"for every_book in list_book:"语句包含的循环体语句后，变量 f 的值可能为 0(表示未找到被查询的图书)，也可能是为 1(表示找到了被查询的图书)。在执行完循环体语句后，用"if f==0:"语句判断是否找到被查询的图书，如果未找到，就显示"未找到此书"。

说说看

执行下述程序段的输出结果是什么？

```
i=1
while i<=10:
    if i==5:
        break
    else:
        print(i)
        i=i+1
```

四、收回借出的图书或新增图书

明明设计的图书管理系统的第二项功能是能收回借出的图书或向书库新增图书，下面编写程序实现这项功能。

例 8.3 在例 8.1 的基础上编写程序完成以下任务：用户从键盘输入一本图书的基本信息后，把这本书的基本信息添加到书库中，然后显示书库中所有图书的信息。

【操作步骤】

① 启动 Python，打开程序编辑窗口，打开此前编写的"P0801.py"程序。

② 按下述语句，修改原来的程序：

```
list_book=[]
list_book.append({'num':'10001','nae':'Python 程序设计','aor':'张元','moy':35})
list_book.append({'num':'10002','nae':'Python 编程入门','aor':'李亮','moy':42})
list_book.append({'num':'10003','nae':'Python 基础知识','aor':'罗海','moy':37})
book={}
num1=input("请输入图书编号：")
nae1=input("请输入图书名称：")
aor1=input("请输入图书作者：")
moy1=input("请输入图书价格：")
book["num"]=num1
book["nae"]=nae1
book["aor"]=aor1
book["moy"]=moy1
list_book.append(book)                    #将图书信息添加到列表中
for every_book in list_book:              #用变量 every_book 遍历 list_book
```

```
        for key in every_book:                    #用变量 key 遍历 every_book
            print(every_book[key], " ", end="")    #显示每个键对应的值
        print()
```

③ 按 F5 键，以 "P0803.py" 为文件名，在自己的文件夹中保存程序后运行程序，得到的结果如图 8.3 所示。

◉ 图 8.3

五、从书库向外借出图书

明明要设计的图书管理系统的第三项功能是能从书库向外借出图书，借出图书后，要从书库中把对应的图书信息删除掉，下面编写程序实现这项功能。

例 8.4　在例 8.1 的基础上编写程序完成以下任务：用户从键盘输入一本图书的编号后，从书库中删除这本书的基本信息，然后显示书库中的所有图书的信息。

【操作步骤】

① 启动 Python，打开程序编辑窗口，打开此前编写的 "P0801.py" 程序。

② 按下述语句，修改原来的程序：

```
list_book=[]
list_book.append({'num':'10001','nae':'Python 程序设计','aor':'张元','moy':35})
list_book.append({'num':'10002','nae':'Python 编程入门','aor':'李亮','moy':42})
list_book.append({'num':'10003','nae':'Python 基础知识','aor':'罗海','moy':37})
list_book.append({'num':'10004','nae':'趣味学习 Python','aor':'周江','moy':40})
num1=input("请输入图书编号：")
i=0                                  #i 表示列表项的索引值
for every_book in list_book:          #用变量 every_book 遍历 list_book
    if num1==every_book["num"]:       #找到列表中 num 对应的列表项
        list_book.pop(i)              #删除这个列表项
```

```
            break
        i=i+1
    for every_book in list_book:
        for key in every_book:
            print(every_book[key], " ", end="")
        print()
```

③ 按 F5 键，以"P0804.py"为文件名，在自己的文件夹中保存程序后运行程序，得到的结果如图 8.4 所示。

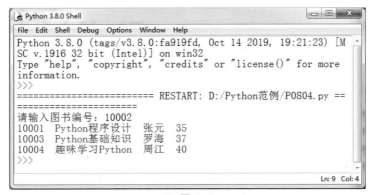

◉ 图 8.4

六、字典的其他操作

1. 用 keys()方法遍历字典中的每个键

用字典的 keys()方法可以返回字典中所有的键组成的一个列表，例如：

```
>>> a={"语文":98, "数学":96, "英语":97}
>>> a.keys()
dict_keys(['语文', '数学', '英语'])
```

2. 用 values()方法遍历字典中每个键对应的值

用字典的 values()方法可以返回字典中所有的键对应的值组成的一个列表，例如：

```
>>> a={"语文":98,"数学":96,"英语":97}
>>> a.values()
dict_values([98, 96, 97])
```

试试看

将例 8.1 编写的程序中的"for key in every_book:"语句和"print(every_book [key], " ", end="")"语句分别替换为"for v in every_book.values()"语句和"print(v, " ", end="")"语句，看看出现什么结果？

3. 元组的概念

用方括号把一组数据括起来得到的数据序列称为表，而用圆括号把一组数据括起来得到的数据序列称为元组。元组在许多方面和列表类似，用元组也可以保存任意数据类型数据的一个序列，其索引值也是从 0 开始的整数。二者的区别是，元组一旦生成，就不能改变其中的元素了，例如：

```
>>> a=(1, 2)
>>> a
(1, 2)
>>> a[0]
1
>>> a[0]=3          #对元组中的数据赋值，将给出以下的出错信息
Traceback (most recent call last):
File "<pyshell#4>", line 1, in <module>
    a[0]=3
TypeError: 'tuple' object does not support item assignment
```

用元组表达和保存的数据被当成一个整体对待。例如("语文", 98)是一个元组，用来表示语文成绩为 98。

4. 用 items()方法遍历字典中的键—值对

用字典的 items()方法可以返回字典的所有的(键, 值)组成的一个列表，例如：

```
>>> a={"语文":98,"数学":96,"英语":97}
>>> a.items()
dict_items([('语文', 98), ('数学', 96), ('英语', 97)])
```

从以上操作得到结果可知，items()方法返回一个列表，列表中的每个列表项都是一个元组，因此可以用 items()方法遍历字典获取一个列表，列表中的元素为字典中所有的键—值对。

在程序编辑窗口中输入以下代码：

```
a={"语文":98,"数学":96,"英语":97}
for key,value in a.items():
    print(key+":"+str(value))
```

保存程序并运行程序，可以得到如图 8.5 所示的结果。

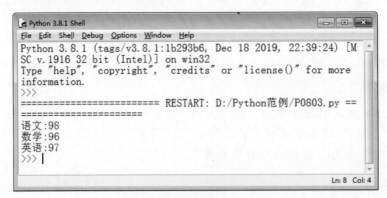

◉ 图 8.5

在这里使用 key 和 value 两个变量分别保存每个元组中的两个数据，并输出它们。

因为要用"+"号连接这两个数据，所以需要将数字转换为字符串才能输出。

5. 字典的其他操作

除了上面提到的 keys()、values()、items()方法外，Python 对字典还提供了其他若干进行操作的指令，如表 8.1 所示，该表"指令"列中的 a 为一个字典的名称，key 为键。

表 8.1 **Python 对字典的几种常用的操作语句**

指令	功 能	实 例	
a.pop(key)	删除字典 a 中指定的键 key 及它对应的值（即删除一个键—值对），返回被删除的键对应的值	a={"语文":98,"数学":96,"英语":97} print(a.pop("数学"))	输出 96
		a={"语文":98,"数学":96,"英语":97} a.pop("数学") print(a)	输出 {'语文': 98, '英语': 97}
del a.[key]	删除字典 a 中指定的键—值对，也可以删除整个字典	a={"语文":98,"数学":96,"英语":97} del a["英语"] print(a)	输出 {'语文': 98, '数学': 96}
		a={"语文":98,"数学":96,"英语":97} del a #删除整个字典 a	
a.clear()	清空字典 a	a={"语文":98,"数学":96,"英语":97} a.clear() print(a)	输出 {}
a.get(key)	返回字典 a 中指定的键 key 对应的值	a={"语文":98,"数学":96,"英语":97} print(a.get("语文"))	输出 98

七、列表与字典的比较

列表和字典是 Python 中两种重要的数据类型，认清楚二者的异同，可以更恰当地表达和处理数据，列表和字典的异同如表 8.2 所示。

表 8.2 **列表与字典的异同**

	列 表	字 典
相同点	列表和字典都可以保存任意类型的数据，都可以修改、添加和删除元素。列表和字典都可以任意嵌套	
不同点	列表保存的数据是可变序列类型	字典保存的数据是可变对应类型
	列表通过索引值访问数据	字典通过键访问数据

试试看

请你综合本节编写的各个程序，形成一个实现以下功能的完整的图书管理系统。

一开始运行程序时给出提示，要求用户输入一个数字进行选择，然后完成相应的功能：

如果输入数字 1，完成查询图书信息的功能。

如果输入数字 2，完成收回借出的图书的或新增图书功能。

如果输入数字 3，完成从书库向外借出图书的功能。

如果输入数字 4，退出图书管理系统。

明明这几天在生物课中学习了关于食物链的知识，各种生物存在一系列吃与被吃的关系。例如青草、野兔、狐狸组成一个食物链。明明想通过这三种生物构成的食物链设计一款简单的游戏程序，游戏中两人分别扮演三种生物中的一种，若 A 扮演青草，B 扮演野兔，则 B 赢 A 输；若 A 扮演野兔，B 扮演狐狸，则 B 赢 A 输；若 A 扮演青草，B 扮演狐狸，则 A、B 平局。请根据游戏规则和玩家扮演的情况，输出游戏的结果。你可以通过多条件的判断语句完成这个程序，但请仔细思考，如何通过字典来保存天敌关系，简化程序设计。

第9节　函　数

1. 掌握 Python 程序设计语言中自定义函数的功能。
2. 学习并掌握如何自己定义函数以及调用函数。
3. 掌握形参和实参的传递过程，掌握 return 语句。
4. 理解变量的作用域。

通过之前的学习，我们对函数已经不陌生了，例如我们已经使用过进行输入的 input() 函数和返回整数值的 int() 函数等，这些函数都是 Python 自带的内置函数。随着学习的深入，我们编写的程序的代码量逐渐增加，实现的功能也越来越复杂，在这种情况下，仅使用 Python 提供的内置函数已不能满足我们的要求，这就需要我们自己定义函数（称这种函数为自定义函数）实现想要的功能。除此之外，通过自己定义函数，还可以重新组织整理程序，降低程序语句的冗余性。本节我们将学习自定义函数，并学习如何用自定义函数优化程序结构。

一、情景导入

明明是学校"奋斗图灵社"的社长。近期，他和社团的其他成员正在研究"黑白井字棋"智能下棋程序。"黑白井字棋"的棋盘是一个包含 3 行 3 列共 9 个正方形的盘面（为简化叙述，称其为九宫格棋盘，每个小正方形称为一个宫格），持有黑子和白子的两个游戏者轮流在宫格里落下棋子，一旦有 3 个黑子（或白子）位于同一条直线上时，则黑方（或白方）获胜。

他们打算用这个作品参加学校一年一度的"科技艺术节"活动。为了让作品更加出彩，他们编写程序实现了让计算机自动对弈，并且让计算机自动判断对弈结果（哪一方获胜或双方平局）的功能。运行"黑白井字棋"智能下棋程序的初始界面如图 9.1 所示。

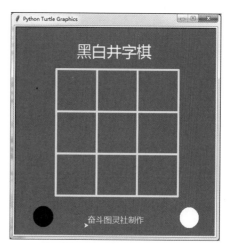

◎ 图 9.1

二、导入库的方式

在编写程序时，我们经常借助第三方库来实现程序中的某些功能，例如在此前，我们使用过 math 数学库、turtle 绘图库、random 随机函数库等，只需要将指定的库导入到当前程序中，就可以使用它提供的功能了。

在前面的学习中，我们已经通过下述语句：

import 库名称

导入过库。例如，本节中"黑白井字棋"智能下棋程序要借助 turtle 库提供的功能绘制棋盘和棋子，就需要用"import turtle"语句导入 turtle 库，这样就可以使用 turtle 库提供的所有功能了。用 import 关键词导入库的语句还有以下两种常用的形式。

① import 库名称 as 别名

例如，可以使用"import turtle as t"语句导入 turtle 库。这样在需要使用库中的成员时，既可以用库名作为前缀，也可以用别名作为前缀，例如，可以将"turtle.up()"写成"t.up()"。

② from 库名称 import 成员名

使用这种语法格式的 import 语句，只导入库中指定的成员，而不是导入全部成员，此后在程序中使用该成员时，不用附加任何前缀，直接使用成员名即可。例如：

>>> from random import randint

>>> print(randint(0, 8))

执行完上述第 2 条语句后，即可输出一个 0 到 8 的整数。

三、认识函数

要实现"黑白井字棋"智能下棋程序的功能，首先要绘制一个 9 宫格棋盘（见图 9.1）。

应用 turtle 库，通过如下语句，即可从当前位置开始，绘制一个边长为 100 像素的正方形：

```
import turtle as t
for i in range(0, 4):
    t.forward(100)
    t.left(90)
```

当绘制第 2，3，…，9 个正方形时，只需将画笔移动到指定的位置，重复使用上述语句中的后三条语句即可。

在程序中重复编写相同的语句块是不可取的，因为这样会使程序显得臃肿，结构不清晰。为了避免重复编写大段相同的语句块，可以把这些相同的语句块抽取出来，组成一个独立的功能体，当程序中需要的时候调用它。在 Python 中，把有组织的、具有独立功能的语句块称为函数，使用函数能提高程序的模块化程度和代码的重复利用率。

下面先介绍怎样定义和调用没有参数的函数。

1. 定义函数

在 Python 中使用 def 关键字定义函数，后接函数名、圆括号"（）"和冒号"："，函数的内容从下一行起并且缩进，基本格式如下：

```
def 函数名():
    函数体
```

例如，在用"import turtle as t"语句导入了 turtle 库后，可以通过下述语句定义一个函数，其功能是绘制一个边长为 100 像素的正方形。

```
def draw_square():
    for i in range(0, 4):
        turtle.forward(100)
        turtle.left(90)
```

本例中，draw_square 是函数名，函数名应该是一个合法的标识符，为了提高程序的可读性，函数名可以由一个或多个有意义的单词组成。

2. 调用函数

定义好一个函数之后，就可以在程序中调用它，实现其提供的功能了。在 Python 中直接用"函数名()"调用相应的函数。

例如，要调用上面已定义好的 draw_square() 函数，可直接在程序中通过"draw_square()"语句调用它。

调用 draw_square() 函数的过程是，运行程序时执行到"draw_square()"语句时，程序会自动找到该函数，并执行其包含的函数体语句，执行完函数后，返回调用函数的语句，继续执行其下一条语句。

需要注意的是，程序中定义函数的语句必须放在调用该函数的语句之前。

例 9.1 编写程序，创建大小为 500×500 的包含一块画布的窗体，把画布的背景设置为绿色，在画布中画一个 9 宫格棋盘，每一个宫格都是一个边长为 100 的正方形，要求正方形边的颜色为黄色，画笔粗细为 5，9 宫格所组成的外边框的四个顶点的坐标分别为 (-150, -150)，(150, -150)，(150, 150)，(-150, 150)。

【操作步骤】

① 启动 Python，打开程序编辑窗口。

② 在程序编辑窗口中输入以下程序语句：

```
def draw_square():            #以下是定义函数的程序段
```

```
    for i in range (0, 4):
        t.forward (100)
        t.left (90)


import turtle as t                          #以下是主程序
t.setup (width=500, height=500)
t.bgcolor ("green")
t.color ("yellow")
t.width (5)
t.up ()
t.goto (-150, 50)
t.down ()
draw_square ()                             #调用函数，画一个小正方形宫格
t.up ()
t.goto (-50, 50)
t.down ()
draw_square ()
t.up ()
t.goto (50, 50)
t.down ()
draw_square ()
t.up ()
t.goto (-150, -50)
t.down ()
draw_square ()
t.up ()
t.goto (-50, -50)
t.down ()
draw_square ()
t.up ()
t.goto (50, -50)
t.down ()
draw_square ()
t.up ()
t.goto (-150, -150)
t.down ()
draw_square ()
t.up ()
t.goto (-50, -150)
```

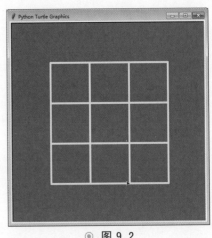

```
        t.down()
        draw_square()
        t.up()
        t.goto(50, -150)
        t.down()
        draw_square()
```

③ 按 F5 键，以 "P0901.py" 为文件名，在自己的文件夹中保存程序后运行程序，得到的结果如图 9.2 所示。

◉ 图 9.2

例 9.1 中，在绘制正方形的时候，多次使用 "draw_square()" 语句调用函数。分析例 9.1 的程序可以发现，每次执行 "draw_square()" 语句前，都要执行一系列重复的操作：抬笔——把画笔移动到指定的位置——落笔。我们可以进一步整合这些功能，把它们放到函数中，尽可能减少带有重复性的语句。

三、带参数的函数

例 9.1 中 "把画笔移动到指定的位置" 这个操作需要使用 turtle 的 goto() 方法，而调用这个方法时，需要给出参数，指出移动到的位置，画不同的正方形时，这个位置是不一样的。在 Python 中定义函数时，可以给其设置参数，调用函数时，可以通过参数传递数据，即可以用不同的参数调用函数，令其根据接收的数据进行具体的处理。例如，我们可以将 "draw_square()" 函数修改为下述形式：

```
    def draw_square(x, y):
        t.up()
        t.goto(x, y)
        t.down()
        for i in range(0, 4):
            t.forward(100)
            t.left(90)
```

上述函数中的 x 和 y 称为函数的形式参数（简称为形参），用来表示开始画图时画笔所在位置的坐标。形参是定义函数时，在函数名称后的括号内声明的参数，每个形参本质上是一个变量名，用来接收调用函数时外部传来的值。

 利用带函数的参数，改写例 9.1 中编写的程序。

【操作步骤】

① 启动 Python，打开程序编辑窗口。

② 在程序编辑窗口中输入以下程序语句：

```
    def draw_square(x, y):
        t.up()
        t.goto(x, y)
```

```
        t.down()
        for i in range(0, 4):
            t.forward(100)
            t.left(90)


import turtle as t
t.setup(width=500, height=500)
t.bgcolor("green")
t.color("yellow")
t.width(5)
draw_square(-150, 50)
draw_square(-50, 50)
draw_square(50, 50)
draw_square(-150, -50)
draw_square(-50, -50)
draw_square(50, -50)
draw_square(-150, -150)
draw_square(-50, -150)
draw_square(50, -150)
```

③ 按 F5 键，以"P0902.py"为文件名，在自己的文件夹中保存程序后运行程序，同样可以得到如图 9.2 所示的结果。

在 上 述 程 序 中 ， 调 用 函 数 时 把 具 体 的 数 字 传 递 给 函 数 ， 例 如 用 "draw_square(-150,50)"语句调用 draw_square()函数时，把-150 和 50 分别传递给函数定义中的 x 和 y，在这里，-150 和 50 称为实际参数(简称为实参)。

除可以用具体的数字当实参外，还可以用变量当实参。

例 9.3　改写例 9.2 中编写的程序，用循环语句实现程序中 9 次调用函数的语句。

【操作步骤】

① 启动 Python，打开程序编辑窗口。

② 在程序编辑窗口中输入以下程序语句：

```
def draw_square(x, y):
    t.up()
    t.goto(x, y)
    t.down()
    for i in range(0, 4):
        t.forward(100)
        t.left(90)


import turtle as t
```

```
t.setup(width=500, height=500)
t.bgcolor("green")
t.color("yellow")
t.width(5)
m=50
for i in range(0, 3):
    n=-150
    while n<=50:
        draw_square(n, m)
        n=n+100
    m=m-100
```

用 draw_square() 函数绘制 9 宫格棋盘中每一行的各个正方形时，画笔起始位置的横坐标依次是-150、-50、50，画不同列的正方形时，画笔起始位置的纵坐标依次是-150、-50、50。上述程序中用变量 n 和 m 表示画笔起始位置的实际横坐标和纵坐标，用"draw_square(n, m)"语句调用函数时，以变量 n 和 m 为实参。

在 Python 中，允许在函数中再调用函数，这称为函数的嵌套调用。

例9.4 修改例 9.3 中编写的程序，在绘制九宫格棋盘后，继续在点(-180, -200)和点(180, -200)位置分别画两个半径为 50 的黑色和白色的点；适当设置字体后，在点(-100, 170)位置绘制"黑白井字棋"文字；在点(-70, -220)位置画出"奋斗图灵社制作"文字。

【操作步骤】

① 启动 Python，打开程序编辑窗口，打开例 9.3 中编写的程序。

② 按下述语句，修改原来的编写的程序：

```
def pen_move(x,y):              #移动画笔的函数
    t.up()
    t.goto(x, y)
    t.down()

def draw_square(x,y):           #画一个正方形的函数
    pen_move(x,y)               #在一个函数中再调用其他函数
    for i in range(0, 4):
        t.forward(100)
        t.left(90)

import turtle as t
t.setup(width=500, height=500)
t.bgcolor("green")
t.color("yellow")
```

```
t.width(5)
m=50
for i in range(0, 3):
    n=-150
    while n<=50:
        draw_square(n,m)
        n=n+100
    m=m-100
t.color("black")
pen_move(-180, -200)
t.dot(50)
t.color("white")
pen_move(180, -200)
t.dot(50)
pen_move(-100, 170)
t.write("黑白井字棋", font=("微软雅黑", 28, "normal"))
pen_move(-70,-220)
t.write("奋斗图灵社制作", font=("微软雅黑", 15, "normal"))
```

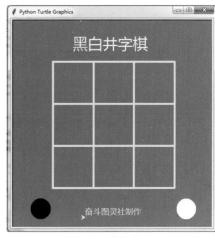

◎ 图 9.3

③ 按 F5 键，以 "P0904.py" 为文件名，在自己的文件夹中保存程序后运行程序，得到的结果如图 9.3 所示。

四、编写计算机自动对弈的程序

1. 实现计算机自动对弈的落子功能

要让计算机自动识别在 9 宫格棋盘的哪个宫格中落子，是落下白子还是落下黑子，首先需要对每个宫格的状态进行定义。为了描述方便，对 9 个宫格按从左到右、从上到下的顺序，依次用 0 到 8 的数字编号。例如，我们可以用一个字典{"pos": (-100, 100), "show":0}定义 0 号宫格(左上角的宫格)中心的坐标和状态，在这个字典中，键"pos"对应的(-100, 100)元组的值表示 0 号宫格中心的坐标，键"show"对应的值表示 0 号宫格当前的落子状态，当键"show"对应的值为 0 时，表示没有落子；当键"show"对应的值为 1 时，表示已经落有黑子；当键"show"对应的值为-1 时，表示已经落有白子。初始状态下的 9 个宫格用如下的列表表示：

```
num=[{"pos":(-100, 100),"show":0}, {"pos":(0, 100),"show":0},
     {"pos":(100, 100),"show":0}, {"pos":(-100, 0),"show":0},
     {"pos":(0, 0),"show":0}, {"pos":(100, 0),"show":0},
     {"pos":(-100, -100),"show":0}, {"pos":(0, -100),"show":0},
     {"pos":(100, -100),"show":0}]
```

接下来编写实现计算机自动对弈落子功能的程序，程序如下：

```
f=-1                              #把 f 的初始值设置为-1，表示白方为先手
while True:
```

```
        indx=r.randint(0, 8)            #随机选择一个宫格为当前宫格
        if num[indx]["show"]==0:        #如果当前宫格没有落子
            if f==-1:
                t.color("white")        #设置棋子的颜色为白色
            else:
                t.color("black")        #设置棋子的颜色为黑色
            num[indx]["show"]=f         #改变宫格的落子状态
            f=-f                        #设置下次的落子方
            xx=num[indx]["pos"][0]      #获取对应宫格中心的横坐标
            yy=num[indx]["pos"][1]      #获取对应宫格中心的纵坐标
            pen_move(xx, yy)
            t.dot(50)                   #画出棋子，表示落子结果
        count=0                         #变量 count 用来统计棋盘中已经落下的棋子数目
        for i in range(0, 9):
            if num[i]["show"]!=0:       #表示所在的宫格中已落下棋子
                count=count+1
        if count==9 :
            break
```

上述程序中，用变量 f 的值表示当前应该落下黑子还是白子，使用一个循环实现在宫格中落子的功能，当 f=-1 时，落下白子；当 f=1 时，落下黑子，然后让 f=-f，设置下次的落子方，这样在循环语句控制下，可以实现黑白方交替落子。

双方落子的位置是随机的(这里不涉及下棋策略问题)。因此，我们可以引入保存随机值的变量 indx，表示棋子要随机落下的宫格。"num[indx]["show"]"描述了随机获取的宫格的落子状态。如果键"show"对应的值为 0，表示此时这个宫格没有落下棋子；这时在这个宫格中可以落下白子或黑子，落子后应将该宫格的键"show"对应的值分别修改为-1 或 1。

落子过程不能一直无限循环地进行下去，需要有退出循环的条件，当 9 个宫格全部落下棋子后，应该让落子结束。用变量 count 统计每次落子后 9 个宫格中的落子数目，当 count 等于 9 时，说明棋盘上已经落满棋子，此时落子结束，使用 break 语句跳出循环。

2. 实现计算机自动评判对弈结果的功能

"黑白井字棋"下棋双方对弈的最后结果共有三种情况：白方赢、黑方赢、平局。当任意三个黑子(或白子)位于一条直线上时，黑方(或白方)获胜。用一个包含 3 个元素的元组表示九宫格棋盘中位于一条直线上的三个宫格，能产生获胜的情况一共有 8 种，对应的宫格编号组成的元组分别为(0, 1, 2), (3, 4, 5), (6, 7, 8), (0, 3, 6), (1, 4, 7), (2, 5, 8), (0, 4, 8), (2, 4, 6)，括号中的数字表示宫格的编号。将能够获胜的情况存储到一个新的列表中，具体如下：

win_zh=[(0, 1, 2), (3, 4, 5), (6, 7, 8), (0, 3, 6), (1, 4, 7), (2, 5, 8), (0, 4, 8), (2, 4, 6)]

如果 3 个白子落在一条直线上，则这条直线对应的元祖的 3 个宫格的键"show"对应的值的和为-3；如果 3 个黑子落在一条直线上，则这条直线对应的元祖的 3 个宫格的键"show"

对应的值的和为 3。因此我们可以通过 3 个宫格的键"show"对应的值的和来判断输赢。程序如下：

```
def pd_win(n, m, l):
    if n+m+l==3:
        return "b_win"
    if n+m+l==-3:
        return "w_win"
```

上述函数中的形参 n、m、l 分别为 win_zh 列表中各元组表示的三个宫格的键"show"对应的值，这是一个有返回值的函数。当执行函数时，若遇到 return 语句，则停止函数调用并返回 return 后给出的值。return 后的值可以是数值、字符串、列表、表达式、函数等。例如下面的程序定义了一个 add() 函数：

```
def add(a, b):
    c = a+b
    return c
```

执行函数结束时，由 return 返回 c 的值，即 a 与 b 的和，下面的函数与上述函数等价：

```
def add(a, b):
    return  a+b
```

需要注意的是，当函数中有多个 return 语句时，运行到第一个 return 语句即结束函数调用，不再执行函数中其后的程序语句。

📢 说说看

运行下面的程序，输出结果是什么？

```
def fun(a):
    print(a)
    return 'ok'
    print(100)
    return  100
print(fun(98))
```

例9.5 编写程序，实现"黑白井字棋"智能下棋程序的功能，要求实现的功能如下：

① 构建一个如图 9.3 所示的棋盘。

② 实现计算机自动对弈的功能。

③ 判断并输出双方对弈的结果，共有三种可能的结果：白方赢、黑方赢、平局。

【操作步骤】

① 启动 Python，打开程序编辑窗口。

② 在程序编辑窗口中输入以下程序语句：

```
def draw_square():
    for i in range(0, 4):
```

```
                t.forward(100)
                t.left(90)
def pen_move(x,y):
        t.penup()
        t.goto(x,y)
        t.pendown()
def draw_jgoge():
        m=50
        for i in range(3):
                n=-150
                while n<=50:
                        pen_move(n,m)
                        draw_square()
                        n=n+100
                m=m-100
def pd_win(n, m, l):
        if n+m+l==3:
                return  "b_win"
        if n+m+l==-3:
                return  "w_win"


import turtle as t
import random as r
t.setup(width=500, height=500)
t.bgcolor("green")
t.color("yellow")
t.width(5)
draw_jgoge()
t.color("black")
pen_move(-180, -200)
t.dot(50)
t.color("white")
pen_move(180, -200)
t.dot(50)
pen_move(-100,170)
t.write("黑白井字棋", font=("微软雅黑", 28, "normal"))
pen_move(-70, -220)
t.write("奋斗图灵社制作", font=("微软雅黑",15, "normal"))
num=[{"pos":(-100, 100),"show":0},{"pos":(0, 100),"show":0},
```

```
        {"pos":(100, 100),"show":0},{"pos":(-100, 0),"show":0},
        {"pos":(0, 0),"show":0},{"pos":(100, 0),"show":0},
        {"pos":(-100, -100),"show":0},{"pos":(0, -100),"show":0},
        {"pos":(100, -100),"show":0}]
win_zh=[(0, 1, 2),(3, 4, 5),(6, 7, 8),(0, 3, 6),(1, 4, 7),(2, 5, 8),(0, 4, 8),(2, 4, 6)]
f=-1        # f 初始值为-1，表示白方为先手
k=0
while True:
    indx=r.randint(0, 8)
    if num[indx]["show"]==0:
        if f==-1:
            t.color("white")
        else:
            t.color("black")
        num[indx]["show"]=f
        f=-f               #设置下一次的落子方
        xx=num[indx]["pos"][0]
        yy=num[indx]["pos"][1]
        pen_move(xx,yy)
        t.dot(50)
        pen_move(-30, -190)
        for i in range(0, 8):    #遍历 8 种可能赢的情况
            #如果在一行中写不完一条语句，剩余内容转到下一行时要顶头写
            if pd_win(num[win_zh[i][0]]["show"],
num[win_zh[i][1]]["show"],num[win_zh[i][2]]["show"])=="b_win":
                t.write("黑方赢", font=("微软雅黑",15,"normal"))
                k=1
                break          #如果判断黑方赢，则跳出当前 for 循环
            if pd_win(num[win_zh[i][0]]["show"],
num[win_zh[i][1]]["show"],num[win_zh[i][2]]["show"])=="w_win":
                t.write("白方赢", font=("微软雅黑",15,"normal"))
                k=1
                break
        if k==1:         #如果 k 值为 1，说明已经出现某一方赢的情况，游戏结束
            break        #跳出循环
    count=0
    for i in range(9):
        if num[i]["show"]!=0:
            count=count+1
```

```
if count==9 and k==0:   #如果9个宫格全部落子且没有出现某一方赢的情况
    t.write("平局", font=("微软雅黑",15,"normal"))     #输出"平局"
break
```

③ 按 F5 键，以 "P0905.py" 为文件名，在自己的文件夹中保存程序后运行程序，可能得到的一种结果如图9.4所示。

◉ **图 9.4**

五、函数中变量的作用域

分析例9.5所示的程序，我们发现 draw_jgoge() 函数和 pd_win() 函数中都使用了变量 n 和 m。为了在不同函数中使用相同的变量名不导致变量值混乱，编写包含自定义函数的程序时，要考虑变量的作用范围（称为变量的作用域），只有明晰了变量的作用域，才能保证运行程序时，同名变量的值不产生混乱。

根据变量的作用域，可以将变量分为局部变量和全局变量。

1. 局部变量

在函数内部定义的变量称为局部变量。局部变量的作用域仅限在定义它的函数的内部，不能在函数外部引用在函数内部定义的局部变量。例如，draw_jgoge() 函数和 pd_win() 函数都使用了变量 n 和 m。因为 n 和 m 分别在不同的函数内部定义，属于局部变量，因此不会导致变量被多次使用而出现混乱。例如执行如下程序：

```
def func():
    b=2
print(b)
```

Python 会给出报错信息 "name 'b' is not defined"。这个例子中，b 是在 func() 函数中定义的一个局部变量，它的作用域限制在 func() 函数内部。

2. 全局变量

全局变量是从定义开始，后续代码都可以访问的变量。全局变量拥有更大的作用域。例如执行如下的程序：

```
c=4
def func():
    a=1
    b=2
    c=a+b
    return c
func()
print(c)
```

最后输出的结果为4。

上述程序在 func() 函数外部定义的变量 c 为全局变量，在 func() 函数内部定义的变量 c 为局部变量。局部变量 c 的值不会影响全局变量 c。运行程序时，虽然先执行了 func() 函数，但是执行最后的"print(c)"语句时，输出的结果还是 4。

拓展任务

明明所在学校的数独社也参加今年学校举办的"科技艺术节"活动，数独社在活动中要给出不同的数独题目让参加活动的人回答，为了保证所出的各个数独题的难度相似，数独社社长花花找到了明明，想让他制作一个"四宫格数独出题器"程序。

所谓四宫格数独游戏是指玩家根据包含 4×4 宫格的盘面上已经给出的数字，推出所有剩余的空的宫格中的数字，要求每一行、每一列和每一个粗线宫（图 9.5 中用粗线包围起来的 4 个 2×2 宫格）的 4 个宫格内的数字均含 1、2、3、4，且不能重复。

"四宫格出题器"程序要实现的功能是，在每一个粗线宫内随机选取一个小宫格，在 1 到 4 之中（包含 1 和 4）随机选取一个数填到这个小宫格中。需要注意的是，整个盘面上每一行、每一列中的数字不能重复，这样就可以形成一个四宫格数独题的题面。一个供参考的运行界面如图 9.5 所示。

◉ 图 9.5

第 10 节　图形化用户界面程序设计

学习目标

1. 了解图形化用户界面程序的功能和特点。
2. 了解并掌握常见的图形化用户界面中的对象（如窗口、标签、文本框、按钮）的使用方法。
3. 会使用 tkinter 组件搭建和设计程序界面。
4. 掌握设计图形化用户界面程序的基本步骤。

图形化用户界面称为 GUI（Graphical User Interface 的简称），所谓图形用户界面是指采用图形方式（即一般所说的程序窗口）显示的计算机程序用户界面，我们把程序窗口称为窗体，窗体中有标签、文本框、按钮等控件，这种窗体可以给用户提供交互性很强的界面。Python 提供了丰富的第三方库支持图形化用户界面程序的设计，本节我们学习应用 Python 中的 tkinter 库设计图形化用户界面的程序。

一、情景导入

明明常和朋友玩猜数游戏，他在心中想好一个 0 到 100 的整数让朋友猜，朋友每次猜测后，明明给朋友提示，告诉他猜的数大了还是小了，朋友根据提示继续猜，直到猜出明明心中想的那个数为止。明明想用 Python 设计这个猜数游戏的程序，程序界面如图 10.1 所示。

这个程序的基本功能如下：

① 能够生成一个 0 到 100 的随机整数作为被猜的数字。

② 用户能够输入自己猜的数字。

③ 当用户单击"猜测"按钮后，程序会给出相应的提示信息，告诉用户输入的数字比被猜的数大还是小，或者告诉用户猜对了。

◉ 图 10.1

二、认识 tkinter 库

在 Python 中，可以使用 tkinter 库设计窗体程序。在 Python 3 中，tkinter 库是一个内置的库，因此不需要额外进行安装。

下面我们设计一个最简单的窗体程序界面。

例10.1 编写程序，创建一个标题为"猜数游戏"的窗体。

【操作步骤】

① 启动 Python，打开程序编辑窗口。

② 在程序编辑窗口中输入以下程序语句：

```
import tkinter                    #导入 tkinter 模块
root=tkinter.Tk()                 #创建窗体对象 root
root.title("猜数游戏")             #设置窗体的标题
root.mainloop()
```

③ 按 F5 键，以 "P1001.py" 为文件名，在自己的文件夹中保存程序后运行程序，得到的结果如图 10.2 所示。

◉ 图 10.2

例 10.1 程序中的 "root=tkinter.Tk()" 语句用来创建一个窗体并用 root 代表这个窗体。创建好窗体后，如果不对窗体进行任何操作，这个窗体会一直显示在显示器上。此时窗体实际上是在等待用户进行操作，例如可以用这个窗体右上方的按钮，最小化、最大化或关闭窗体。程序的最后一行调用了窗体的 mainloop() 方法，这个方法让窗体等待用户与之交互，直到关闭窗体为止。

创建好的窗体的大小、标题等称为其属性。例 10.1 程序中的 "root.title("猜数游戏")" 语句表示把窗体的标题属性设置为 "猜数游戏"。除此之外，还可以设置窗体的其他属性，其中的两个属性如表 10.1 所示（假设在执行表 10.1 "语句" 列中的程序语句前，已经执行了 "root=tkinter.Tk()" 语句）。

表 10.1　窗体的属性设置

语　　句	功　　能	实　　例
root.resizable(b1, b2)	设置窗体的大小是否可变，两个参数分别表示横、纵方向是否可变。如果参数的值为 True，表示可变，如果参数的值为 False，表示不可变	root.resizable(True, False) 表示窗体的宽度可变,高度不可变
root.geometry("widthxheight")	设置窗体的宽和高，width 表示宽，height 表示高	root.geometry("280x100") 表示把窗体的宽度设置为 280 像素，把高度设置为 100 像素

试试看

请在 IDLE 窗口中输入语句，创建一个标题为 "我的程序界面" 的窗体，窗体的宽度为 300 像素，高度为 150 像素，窗体的横、纵方向均不可变。

三、使用 tkinter 库创建控件

创建好的窗体相当于一个容器，在这个容器中还可以设置其他控件。控件与窗体一样，也可以用 tkinter 库中提供的组件生成。在 tkinter 库中提供了各种各样的控件类组件，如标签、文本框和按钮等。

1. 标签

可以用 tkinter 库中的标签(Label)组件在窗体中创建一个标签,用来显示一行或多行文本(也可以显示图像)，标签上显示的内容不能通过交互操作修改。

例10.2 编写程序，创建一个标题为"猜数游戏"的窗体，其大小为 280×100 像素，窗体的横、纵方向均不可变。在窗体中设置一个标签，在标签上显示"请输入一个整数:"。

【操作步骤】

① 启动 Python，打开程序编辑窗口。

② 在程序编辑窗口中输入以下程序语句：

```
import tkinter
root=tkinter.Tk()
root.title("猜数游戏")
root.geometry("280x100")
root.resizable(False, False)
label_1=tkinter.Label(root, text="请输入一个整数:")
label_1.pack()
root.mainloop()
```

③ 按 F5 键，以"P1002.py"为文件名，在自己的文件夹中保存程序后运行程序，得到的结果如图 10.3 所示。

◉ 图 10.3

例 10.2 的程序中，"label_1=tkinter.Label (root, text="请输入一个整数:")"语句调用了 tkinter 库中的 Label()方法，创建一个名为 label_1 的标签控件，该方法有两个参数，第一个参数 root 表示 root 窗体是标签控件的父控件，第二个参数"text="请输入一个整数:""表示在标签上要显示的文字为"请输入一个整数:"，这两个参数的值也是 label_1 标签控件的属性。还可以用 Label()方法的其他参数设置标签的属性，如表 10.2 所示。

表 10.2 Label()方法的参数及它们的含义

参　数	参　数　含　义
background 或 bg	设置背景颜色，默认值由系统指定
foreground 或 fg	设置标签上的文本和位图的颜色，默认值由系统指定
font	设置标签上文本的字体(如果同时设置字体和大小，应该用一个元组表示，如"("楷体", 20)"，一个标签只能设置一种字体，默认值由系统指定
height	设置标签的高度，如果标签上显示的是文本，则其单位是文本单元；如果标签上显示的是图像，则其单位是像素(或屏幕单元)。如果设置为 0 或者不设置，则根据标签上显示的内容自动计算出高度
width	设置标签的宽度，如果便签上显示的是文本，则其单位是文本单元；如果标签上显示的是图像，则其单位是像素(或屏幕单元)。如果设置为 0 或者不设置，则根据标签上显示的内容自动计算出宽度

例如，把例 10.2 程序中设置 label_1 标签的语句替换为：

　　　　label_1=tkinter.Label(root, text="请输入一个整数:", font=("华文行楷", 20),
　　　　　　fg="green")

保存程序并运行程序后，得到的结果如图
10.4 所示。

在例 10.2 的程序中，用"label_1.pack()"语
句将 label_1 这个标签放置到窗体上，一般地说，
在窗体中创建了一个控件，如果不设置这条语句，
该控件不会显示在窗体中。

◉ 图 10.4

2. 文本框

可以用 tkinter 库中的文本框(Entry)组件，在窗体中设置一个让用户输入文本字符串
的文本框。

 在例 10.2 的基础上继续编写程序，在窗体中设置一个文本框。

【操作步骤】

① 启动 Python，打开程序编辑窗口，打开"P1002.py"程序。

② 按下述语句，修改程序：

```
import tkinter
root=tkinter.Tk()
root.title("猜数游戏")
root.geometry("280x100")
root.resizable(False, False)
label_1=tkinter.Label(root, text="请输入一个整数:")
label_1.pack()
text_1=tkinter.Entry(root, width=140)
text_1.pack()
root.mainloop()
```

③ 按 F5 键，以"P1003.py"为文件名，在
自己的文件夹中保存程序后运行程序，得到的
结果如图 10.5 所示。

◉ 图 10.5

tkinter 库中 Entry()方法也有一系列用来设置文本框属性的参数，其中有两个常用的
参数。

① state 参数用来设置文本框的状态：可用或禁用，对应的值分别为：normal 或
disabled。例如，可以使用"text_1=tkinter.Entry(root, state="disabled")"语句，把文本框
设置为禁用状态。

② show 参数用来将文本框中输入的文本内容替换为指定字符。例如，可以使用
"text_1=tkinter.Entry(root, show="*")"语句，将文本框中输入的各个字符替换为"*"。

文本框还有一个比较常用的 get()方法，使用 get()方法能够获取文本框中的值。例
如，若在 text_1 文本框中输入了数字 123，则使用"s=text_1.get()"语句，可以获取输
入的值，并把它保存在变量 s 中，获取的值为字符串"123"。

3. 按钮

可以用 tkinter 库中的按钮(Button)组件，在窗体中设置一个用于接受用户操作命令的按钮，这个按钮可以和一个函数关联，运行程序时如果单击该按钮，将自动调用关联的函数。在按钮上可以放文本或图像。

例 10.4 在例 10.3 的基础上，继续编写程序，在窗体中显示一个按钮，并实现以下功能：当按钮被单击后，将文本框中输入的文字显示在标签上。

【操作步骤】

① 启动 Python，打开程序编辑窗口，打开"P1003.py"程序。

② 按下述语句，修改程序：

```python
def show(t):
    label_1["text"]=t

import tkinter
root=tkinter.Tk()
root.title("猜数游戏")
root.geometry("280x100")
root.resizable(False, False)
label_1=tkinter.Label(root)
label_1.pack()
text_1=tkinter.Entry(root,width=140)
text_1.pack()
button_1=tkinter.Button(root, text="点我",command=lambda: show(text_1.get()))
button_1.pack()
root.mainloop()
```

③ 按 F5 键，以"P1004.py"为文件名，在自己的文件夹中保存程序后运行程序，当在文本框中输入文字"Python"，单击"点我"按钮后，得到的结果如图 10.6 所示。

tkinter 库中 Button()方法也有一系列用来设置属性的参数，其中有两个常用的参数。

◉ 图 10.6

① state 参数用来设置按钮的状态：可用或禁用，对应的值分别为：normal 或 disabled。例如，可以使用"button_1=tkinter.Button (root, state="disabled")"语句，把按钮设置为禁用状态。

② command 参数用来关联函数，当按钮被单击时，将执行所关联的函数。例如在例 10.4 中，"button_1=tkinter.Button(root,text="点我",command=lambda: show(text_1.get()))"语句表示当按钮被单击时，将执行自定义的 show()函数：用"text_1.get()"获取的 text_1 文本框中输入的内容作为 show()函数的参数，并调用 show()函数，其结果是把 label_1 标签上显示的内容更改为在 text_1 文本框中输入的内容。

在这里，用 command 参数指向一个匿名函数，lambda 的作用是进行"函数打包"操作，它把 show() 函数和函数的参数打包在一起。使用 Button() 方法调用关联函数时，如果在关联函数中传递参数，需要使用 lambda 完成打包操作，进一步的解释如下。

调用 show() 函数时，如果不传递参数，则可以使用如下形式的语句：

　　　　button_1=tkinter.Button(root, text="点我", command= show)

调用 show() 函数时，如果需要传递参数，则不可以使用如下形式的语句：

　　　　button_1=tkinter.Button(root, text="点我", command= show(text_1.get()))

原因是当程序被载入的时候，函数 show() 被执行，label_1 标签上显示的文本被更新，但函数 show() 并没有返回值，等同于"return None"。即 Button() 方法中的 command 参数实际上的值为 None。因此单击窗体中的"点我"按钮，不会有任何效果。

试试看

编写程序完成以下任务：在例 10.3 的基础上，在窗体中再设置一个文本框和一个按钮，在两个文本框中各输入一个数，单击按钮后，在标签上显示两个文本框中输入的数字之和。

四、在窗体中布局控件的方法

在例 10.4 设计的窗体中有标签、文本框、按钮三个控件，程序中没有指定它们在窗体中的位置，只是使用 pack() 方法将它们显示在窗体上，使用 pack() 方法在窗体中显示控件时，将按程序中 pack() 语句出现的顺序从上往下放置各个控件，这显然无法满足我们设计复杂程序界面的要求。

下面较详细地介绍 tkinter 库中提供的三种布局控件的方法。

1. pack() 方法

pack() 方法是最简单的布局控件的方法，除了可以不使用参数直接调用外，还可以使用 fill、side、padx、pady、ipadx、ipady 等参数调整控件的填充方式、对齐方式、放置的边距等。

例如，执行如下的程序语句，得到的结果如图 10.7 所示。

```
import tkinter
root=tkinter.Tk()
root.geometry("300x300")
button_1= tkinter.Button(root, text="在上边",bg="red")
button_1.pack(fill="x", side="top")
button_2= tkinter.Button(root, text="在下边",bg="yellow")
button_2.pack(fill="y", side="bottom")
button_3= tkinter.Button(root, text="在左边",bg="green")
button_3.pack(fill="x", side="left")
button_4= tkinter.Button(root, text="在右边",bg="gold")
button_4.pack(fill="y", side="right")
root.mainloop()
```

上例在 pack()方法中使用了 fill 和 side 参数,分别用来设置各个按钮的填充方向和在窗体中停靠的位置。当调整窗体大小时,图 10.7 中各个按钮相对于窗体的位置不会发生改变。

fill 参数有 3 个选项,分别为:"fill="x"",表示横向填充;"fill="y"",表示纵向填充;"fill="both"",表示横向和纵向都填充。

side 参数有 4 个选项,分别为:"side="top"",表示停靠在窗体上部;"side="bottom"",表示停靠在窗体的下部;"side="left"",表示停靠在窗体左侧;"side="right"",表示停靠在窗体右侧。

◉ 图 10.7

结合本例代码和图 10.7 显示的结果可知,当同时使用 fill 和 side 这两个参数时,如果设置了"side="top""或"side="bottom""参数,则"fill="y""参数不起作用,这时只能进行横向填充;如果设置了"side="left""或"side="right""参数,则"fill="x""参数不起作用,这时只能进行纵向填充。

pack()方法用来设置一个控件在它的父控件中的相对位置,用 pack()方法布局控件没有下面两种布局控件的方法灵活。

2. place()方法

使用 place()方法可以指定控件在它的父控件中的绝对位置或相对于其他控件的位置。

使用 tkinter 模块创建的容器对象的坐标系的原点(0, 0)位于其左上角,坐标系 x 轴的正方向向右,y 轴的正方向向下。

例如,执行如下的程序语句,得到的结果如图 10.8 所示。

```
import tkinter
root=tkinter.Tk()
root.geometry("300x300")
button_1= tkinter.Button(root, text="按钮一").place(x=0, y=0)
button_2= tkinter.Button(root, text="按钮二").place(x=10, y=20)
button_3= tkinter.Button(root, text="按钮三").place(x=50, y=60)
button_4= tkinter.Button(root, text="按钮四").place(relx=0, rely=0.5)
root.mainloop()
```

结合本例代码和图 10.8 可知,当使用 place()方法布局控件时,需要设置组件的 x、y 参数或 relx、rely 参数。

如果设置 x、y 参数指定坐标,其单位就是像素。不难发现,用 x 参数指定的坐标值越大,控件就越靠右;用 y 参数指定的坐标值越大,控件就越靠下。

使用 x、y 参数布局控件有以下缺点:缩放窗体时,假如窗体中还有其他控件是用相对位置来布局的,那么使用绝对位置布局的控件和其他控件可能会重叠。

在 place()方法中,还可以使用 relx 和 rely 参数设置控件和它的父控件的相对位置,例如上例中的下述语句:

button_4= tkinter.Button(root, text="按钮四").place(relx=0, rely=0.5)

◉ 图 10.8

relx 参数的值在 0.0 到 1.0 之间，用来指定控件的横向位置，以父控件(在本例中是窗体)的总宽度为单位 1，0.0 表示位于窗体最左边，1.0 表示位于窗体最右边，0.5 表示位于窗体水平中间位置。

rely 参数的值同样在 0.0 到 1.0 之间，用来指定控件的纵向位置，以父控件(在本例中是窗体)的总高度为单位 1，0.0 表示位于窗体最上边，1.0 表示位于窗体最下边，0.5 表示位于窗体纵向中间位置。

试试看

使用 place()方法，在一个 280×100 窗体上设置一个标签、一个文本框和一个按钮，具体要求如表 10.3 所示。

表 10.3　窗体中包含的控件及它们的属性

名称	属　　性	位　　置
标签	宽和高分别为 140 像素和 20 像素，显示的文本为"请输入一个数"	x=10, y=10
文本框	宽和高分别为 140 像素和 20 像素	x=110, y=10
按钮	宽和高分别为 250 像素和 20 像素，显示的文本为"开始游戏"	x=10, y=50

3. grid()方法

◉ 图 10.9

使用 grid()方法布局控件，控件的位置由其所在的行号(row 参数)和列号(column 参数)的值确定。行号相同而列号不同的几个控件按左右方向排列，列号相同而行号不同的几个控件按上下方向排列。

例如，执行如下的程序语句，得到的结果如图 10.9 所示。

```
import tkinter
root=tkinter.Tk()
root.geometry("300x300")
button_1= tkinter.Button(root, text="按钮一").grid(row=0,column=0)
button_2= tkinter.Button(root, text="按钮二").grid(row=0,column=1)
button_3= tkinter.Button(root, text="按钮三").grid(row=1,column=1)
root.mainloop()
```

本例中，可以将窗体想象成一个表格，"按钮一"放在表格第 0 行、第 0 列的单元格中，"按钮二"放在第 0 行、第 1 列的单元格中，"按钮三"放在第 1 行、第 1 列的单元格中。

使用 grid()方法布局控件时，不需要为每个单元格指定大小，grid()方法会为每个控件自动设置一个合适的大小。

例如，执行如下的程序语句，得到的结果如图 10.10 所示。

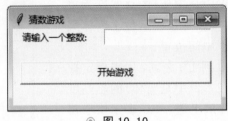

◉ 图 10.10

```
import tkinter
root=tkinter.Tk()
root.title("猜数游戏")
root.geometry("280x100")
label_1=tkinter.Label(root, text="请输入一个整数:")
label_1.grid(row=0,column=0, padx=10)
text_1=tkinter.Entry(root)
text_1.grid(row=0,column=1, padx=10 )
button_1= tkinter.Button(root, text="开始游戏")
button_1.grid(row=2,column=0, columnspan=3,sticky="n"+"e"+"w"+"s" ,padx=10,
              pady=20)
root.mainloop()
```

上例中,我们除使用 grid()方法中的 row 和 column 两个参数外,还使用了其他参数,这些参数的含义如表 10.4 所示。

表 10.4　grid()方法中几个参数的含义

参　数	参　数　含　义	实　　例
padx	在控件的左右边各填充指定宽度(单位为像素)的空间	padx=10 表示在控件左右边各填充宽度为 10 像素的空间
pady	在控件上下边各填充指定高度(单位为像素)的空间	pady=20 表示在控件上下边各填充像素为 20 的空间,
columnspan	将多列进行合并显示控件	columnspan=2 表示将 2 列合并显示控件
rowspan	将多行进行合并显示控件	rowspan =2 表示将 2 行合并显示控件
sticky	定位控件在单元格中的位置，可以使用 e、w、n、s(分别表示右、左、上、下)及它们的组合来定位，使用加号 "+" 表示拉长填充	sticky="ne"表示位于单元格的右上方 sticky="n"+"e"+"w"+"s" 表示填充整个单元格

注意：不要在同一个容器(父控件)的不同对象中混合使用 pack()和 grid()方法，因为这样无法确定首先使用哪个布局管理器。

五、编写猜数游戏程序

例10.5 编写程序，设计一个如图 10.11 所示的窗体，实现猜数游戏的功能。具体要求如下：

① 运行程序时，能随机生成 0 到 100 的一个整数。

② 一开始运行程序时，文本框处于禁用状态，单击"开始游戏"按钮后，文本框变为可用状态，同时按钮上的文本变为"猜测"。

③ 用户在文本框中输入猜测的数字，单击"猜测"按钮后，弹出消息框，告诉用户，所猜测的数字是大了还是小了，或猜对了，当用户未猜中时，可以继续猜测，直到游戏结束。

◎ 图 10.11

【操作步骤】

① 启动 Python，打开程序编辑窗口。

② 在程序编辑窗口中，输入下述程序语句：

```python
def guess(num):
    text_1["state"]="normal"        #将文本框设置为可用状态
    button_1["text"]="猜测"
    try:
        guess_num=int(num)
    except:
        return
    while guess_num!=data:
        if guess_num<data:
            tkinter.messagebox.showerror("抱歉","你猜的数字小了！")
            return
        elif guess_num>data:
            tkinter.messagebox.showerror("抱歉","你猜的数字大了！")
            return
    tkinter.messagebox.showinfo("恭喜","你猜对了！")

import tkinter
import random
import tkinter.messagebox                 #导入 thinter 库中的弹窗控件
root=tkinter.Tk()
```

```
root.title("猜数游戏")
root.geometry("350x120")
label_1=tkinter.Label(root, text="请输入一个整数：")
label_1.grid(row=0,column=0, padx=10, pady=10)
text_1=tkinter.Entry(root, state="disabled")
text_1.grid(row=0,column=1, padx=10 )
data=random.randint(1, 100)
button_1= tkinter.Button(root, text="开始游戏", command=lambda:
                         guess(text_1.get()))
button_1.grid(row=2, column=0,columnspan=3, sticky="n"+"e"+"w"+"s", padx=80,
              pady=20)
root.mainloop()
```

③ 按 F5 键，以 "P1005.py" 为文件名，在自己的文件夹中保存程序后运行程序，可能得到的结果如图 10.12、图 10.13、图 10.14 所示。

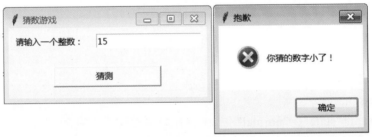

◎ 图 10.12

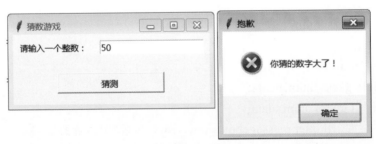

◎ 图 10.13

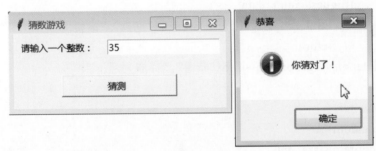

◎ 图 10.14

例 10.5 中使用消息框提示用户输入的值和被猜的数比较大小的结果。在使用前需要先导入 tkinter 库中 messagebox 弹窗控件，弹窗控件主要有以下三种常用的形式。

◉ 图 10.15

① 提示消息框：

例如，使用"tkinter.messagebox.showinfo("提示","请输入整数")"语句，将弹出如图 10.15 的左图所示的提示消息框。

② 警告消息框：

例如，使用"tkinter.messagebox.showwarning("警告","下标越界")"语句，将弹出如图 10.15 的中图所示的警告消息框。

③ 错误消息框：

例如，使用"tkinter.messagebox.showerror("错误","输入的数据无效")"语句，将弹出如图 10.15 的右图所示的错误消息框。

本例中，使用了如下的"try-except"语句块：

```
try:
    guess_num=int(num)
except:
    return
```

"try-except"语句块用来处理运行程序过程中出现的错误异常。对于例 10.5 来说，如果将上面的"try-except"语句块改为直接使用"guess_num=int(num)"语句，将会出现错误提示信息"invalid literal for int() with base 10: ''"。这是因为第一次单击 button_1 按钮时，文本框中还没有输入值，程序执行"guess_num=int(num)"语句后，将调用 int() 函数，而 int() 函数只能将带有数字的字符串转化为整数，因此出现了错误。为了避免发生这样的情况，使用了上述的"try-except"语句块。这一段语句中的"try"语句后包含的语句(或语句块)是要执行的可能产生错误(也称为异常)的语句(或语句块)，"except"语句后包含的语句(或语句块)是处理异常的语句(或语句块)。例 10.5 中，如果在执行"guess_num=int(num)"语句发生了异常，将执行"return"语句，直接结束 show() 函数的运行。

试试看

请扩展例 10.5 中程序的功能：在窗体中再设置一个标签，用来显示用户猜测的次数。

用本节所学的知识，使用 grid() 方法布局，设计一个图形化用户界面程序，用来完成四则运算。要求如下：

① 窗体大小为 400×150。窗体标题为"四则运算计算器"。

② 用户能用文本框输入要计算的两个数。

③ 把"+""-""*""/"四个运算符分别设置为四个按钮，单击其中一个按钮后，在窗体中能显示出所选择的运算符。

④ 设置一个"计算"按钮，单击"计算"按钮后，用标签显示运算结果。

具体效果如图 10.16 所示。

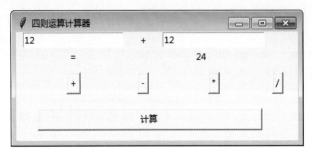

◎ 图 10.16

第三篇

App 程序设计

培训视频 1

培训视频 2

第1节　拼出我们美好的智能世界

1. 认识 App Inventor。
2. 了解用 App Inventor 开发一个 App 项目的过程。
3. 知道如何访问 App Inventor 开发平台。
4. 通过开发第一个 App 项目，认识开发页面。
5. 学习连接调试一个项目。

一、App Inventor 简介

App Inventor 是由 Google 公司开发的一款在线开放的 Android 编程工具软件，它于 2012 年 1 月被移交给麻省理工学院 MIT 的行动学习中心，并由 MIT 发布使用，目前已经发布了第 2 版本，它具有如下特点。

① 方便的环境搭建：它采用浏览器+云服务模式，不需要复杂的软件安装。所有开发的代码都储存在云端服务器上，方便用户在任何一台机器上进行开发，保证了源代码的一致性和安全性。

② 简单的开发过程：不需要关注复杂的语法规则，通过拖放图形化积木式的组件即可完成 App（手机软件）开发，使没有编程基础的用户也可以开发 App。

③ 丰富的组件模块：如多媒体类、传感器类、乐高机器人类等组件，可以方便用户实现创意。

④ 强大的测试功能：通过 AI 伴侣进行测试，所有代码的变更会自动同步到进行测试的手机或者模拟器中，不需要重装应用，就可以看到最新效果。

二、App 项目的开发过程

用 App Inventor 开发一个 App 项目的过程如下:

App Inventor 是一个可视化的、用拖拽组件实现编程的工具,用于在 Android 平台上构建移动应用。引用 App Inventor 之父 Abelson(MIT 教授)的话:"用它编写的应用程序或许不是很完美,但它却是普通人都能做到的,而且通常在几分钟内就可以完成。"App Inventor 既简单,又方便,且功能强大,只要你有强大的想象力,就可以创建出各种有趣、好玩、实用、富有创意的好作品。在本课程中,我们将和大家一起经历和实践 App 的开发过程,我们将根据当前教学中的现实环境,提出问题,转化为大家喜闻乐见的、有实际价值的 App 开发需求,进而对 App 进行创意构思、组件设计、逻辑设计、连接测试,打包为 apk 类型的文件,通过学习,逐步掌握设计 App 的基础知识、基本方法、基本过程,在这个过程中培养逻辑思维能力,使大家爱上程序设计,成为移动互联网世界的创造者。

开发一个 App 项目,关键在于开发者的想象力,想象力是无限创造力的源泉,希望大家自由想象,开动脑筋,积极创造,打开思维空间,做个"白日梦",让自己的脑洞大开,自由漫游,不要感受压力,尽可能多地提出创意,甚至是稀奇古怪的想法,先不要分析某个想法是否可行,更不要一开始就认为难度太大,"想象"之后,会发现那些看似疯狂的想法中可能蕴藏着最佳的创意、最好的解决方案、最有趣的实验。

三、访问 App Inventor 2 开发平台

使用 App Inventor 需要连接网络,在 Web 浏览器上运行,才能开发 App 项目。可以按下述步骤操作,访问 App Inventor 2 开发平台。

① 检查所使用的操作系统、浏览器移动终端是否支持如表 1.1 所示的开发环境。

表 1.1 开发环境

操作系统	Mac OS X 10.5 或更高版本
	Windows XP,Windows Vista,Windows 7 或更高版本
	Ubuntu 8 或更高版本,Debian 5 或更高版本
	Android Operating System2.3 或更高版本
浏览器	Mozilla Firefox 3.6 或更高版本
	Apple Safari 5.0 或更高版本
	Google Chrome 4.0 或更高版本
移动终端	支持 Android Operating System 2.3 或更高版本

② 打开浏览器,访问 http://app.gzjkw.net/网站,在这个网站可以访问 App Inventor 2(以下简称为 AI2)服务器,如图 1.1 所示,该服务器由广州市教育信息中心(电教馆)提供。AI2 是完全基于浏览器开发安卓应用的方式,如果使用的浏览器不在 AI2 支持的范

围内，AI2 会给出相应的提示信息。

③ 建立自己的账户，步骤为："申请新账号"→"输入电子邮箱地址"→"发送链接"→"设置密码"，如图 1.1 所示（图 1.1 所示的界面中的"用 QQ 帐号登录"中的"帐号"二字是软件表述错误，应为"账号"二字）。最简单和快捷的方法是用 QQ 账号直接登录。

◎ 图 1.1

四、创建第一个 App 项目

首次登录 AI2 后出现的网页界面如图 1.2 所示。

◎ 图 1.2

网页最上方有一个菜单栏，各个菜单项的功能如表 1.2 所示。

表 1.2　AI2 菜单栏中各菜单项的功能

项目	完成对项目的操作，包括新建项目、删除项目、通过源代码导入项目和通过模板导入项目；保存项目、另存项目、为项目设立检查点；导出项目；上传、下载和删除密钥
连接	包含 3 种连接模式：通过 AI 伴侣、模拟器、USB 进行连接；还有重置连接和强行重置功能
打包 apk	包含编译后获取 apk 打包文件的方式，一是"打包 apk 并显示二维码"，可以通过手机扫描二维码下载安装 apk 包；二是"打包 apk 并下载到电脑"，可以将打包好的 apk 包下载到本地计算机
帮助	包含所有帮助信息的链接，如 AI 伴侣信息等
我的项目	包含用户个人所有项目的列表
简体中文	切换开发页面的语言
账号名	退出已登录账号

现在我们从系统模板库中导入一个 App 项目——Hellopurr。

五、熟悉开发页面

导入模板项目后，网页将进入如图 1.3 所示的设计视图，以下把这个视图称为开发页面。AI2 用可视化的方法开发 App，"组件面板"中包含很多组件类，如"用户界面"类、"界面布局"类等，每一个组件类中包含若干组件，"工作面板"中包含一个名称为"Screen1"的屏幕组件，把组件从"组件面板"拖至"工作面板"的"Screen1"组件中，即可设计 App 的最终运行屏幕效果，拖放某个组件后，这个组件会显示在"组件列表"中，在"工作面板"或"组件列表"中选中任意一个组件，"组件属性"栏中就会显示出该组件对应的属性。

◉ 图 1.3

开发页面的右上角有两个按钮 组件设计 逻辑设计 ，用来切换"组件视计"视图和"逻辑设计"视图。切换到"逻辑设计"视图后的界面如图 1.4 所示。视图中最左列是"模块"栏，列出了所有内置模块和"Screen1"屏幕组件中的所有组件，左下方是"素材"栏，可用来向项目上传素材文件；"工作面板"占据了"逻辑设计"视图很大一部分空间，它的左下方显示当前项目中出现的错误或警告，右上方是一个书包，可以实现多个屏幕之间的代码复制，右下方是一个垃圾桶，可以把不要的组件拖放进去，实现删除组件的功能；"工作面板"中的空白部分就是拼接组件，设计程序的地方，其中包含为当前项目设计的程序。

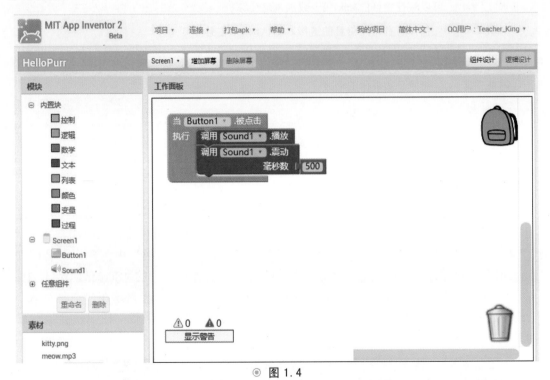

◎ 图 1.4

六、连接测试

App Inventor 提供 3 种连接测试方式，这里介绍 AI 伴侣方式，这种方式使用安卓设备(以下简称为手机)和无线网络进行连接测试，这是推荐的连接方法，用这种方式连接必须具备以下两个条件：

① 计算机和手机在同一个无线网络内；

② 在手机中安装了 AI 伴侣：MIT App Inventor Companion。

如果你的手机与计算机在同一个网络中，可以按下面的叙述进行操作，完成上面第②条所提的要求：在手机中安装 AI 伴侣 MIT App Inventor Companion。

在开发页面执行"帮助"→"AI 伴侣信息"菜单命令，打开如图 1.5 所示的对话框，可以通过扫描二维码的方式让手机安装 AI 伴侣。在安装过程中，手机上可能会出现有病毒威胁的提示信息，这时选择"允许安装"即可。

在手机上安装好 AI 伴侣后，就可以进行 App 测试了。

在 AI2 开发页面中执行"连接"→"AI 伴侣"菜单命令，将弹出一个对话框，其中显示一个二维码和一个编码，如图 1.6 所示。

◉ 图 1.5　　　　　　　　　　　　　　　◉ 图 1.6

　　在手机中启动"MIT AI2 Companion"应用，如图 1.7 所示，点击"scan QR code"按钮，用手机扫描图 1.6 中所示的二维码，几秒钟后，正在开发的 App 就会显示在你的手机上，这时就可以进行实时测试了。如果你的手机因各种原因无法扫描二维码，也可以直接将图 1.6 中提供的 6 位编码输入到图 1.7 的方框中，然后点击"connect with code"按钮，用编码连接。

　　手机和计算机连接成功后，我们就可以测试当前 App 的执行结果了。与手机连接成功后，在开发页面上执行"打包 apk"菜单中的命令，就能生成可以安装到手机上的 App 安装包。到这时，你所开发的 App 就真正变成了手机上的应用程序，可以随时随地使用了。

◉ 图 1.7

拓展任务

　　请大家利用标签组件输入一首诗，开发一个 App。

第2节　设计会说话的机器人

1. 使用 AI2 尝试设计自己的 App。
2. 学会使用屏幕组件、按钮组件、标签组件，音频播放器组件。
3. 学习使用"逻辑设计"视图编制程序代码。

一、情景导入

在智能时代，每个人都想拥有一个能说会唱的机器人朋友。本节我们设计一个如图 2.1 所示的"机器人"App，当你点击机器人时，它能说话并会唱歌。

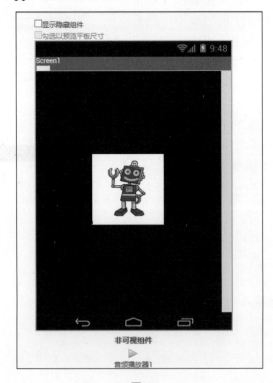

◎ 图 2.1

　　登录 AI2 开发网站，进入开发页面，执行"项目"→"新建项目"菜单命令，打开"新建项目"对话框，使用该对话框，创建一个名为"robot"的新项目。项目名称是以字母开头，以字母、数字和下画线组成的一串字符，设置项目名称的原则是见名知意，目前 AI2 还不支持中文项目名。

　　在 AI2 中，每一个 App 都至少有一个屏幕组件。在新建项目时会默认建立了一个名为"Screen1"的屏幕组件，这是后面应用开发的基础。

　　本案例需要在"Screen1"组件中再添加下述的三个组件。

　　① 用于向程序发送命令的"按钮 1"组件，本案例中把"按钮 1"组件的外形设置成一个从外部载入的机器人图像。

　　② 用于显示文本的"标签 1"组件，本案例中用它显示点击机器人（"按钮 1"组件）后，机器人所说的话。

　　③ 用于播放和控制声音文件的"音频播放器 1"组件，本案例中用于点击机器人后，播放声音文件。

　　在 AI2 中，组件分为可视组件与非可视组件，本案例中的"按钮 1"组件与"标签 1"组件是可视组件，"音频播放器 1"组件是非可视组件，如图 2.2 所示。

◎ 图 2.2

　　单击"素材"栏中的 上传文件 按钮，打开"上传文件"对话框，如图 2.3 所示。单击 选择文件 按钮，在弹出的"打开"对话框中，选中要上传的"qingtian"声音文件，如图 2.4 所示，单击"打开"对话框中的 打开(O) 按钮，返回"上传文件"对话框，再单击"上传文件"对话框中的 确定 按钮，即可将"qingtian"文件上传到当前开发的项目中。

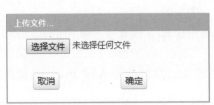

◎ 图 2.3

◎ 图 2.4

用同样的方法将"rrobot111"图像文件上传到项目中，上传上述两个文件后的"素材"栏如图 2.5 所示。

◎ 图 2.5

二、设计组件

1. 设计"Screen1"组件

因为 App 程序至少要显示一屏内容，因此新建一个项目后，AI2 都会建立了一个默认的"Screen1"屏幕组件。

在"组件列表"里选中"Screen1"组件，即可在"组件属性"栏中设置它的属性，这些属性将影响 App 屏幕交互效果。"组件属性"栏中的"水平对齐"和"垂直对齐"属性用于控制屏幕中组件的对齐方式，本案例中用默认值，把它们设置为居中；"应用名称"属性用于设置 App 的名称，在手机中安装该 App 后，该名称会显示在这个 App 对应的图标下面，默认为新建项目时输入的项目名称；把"背景颜色"属性设置为黑色；"图标"属性是在手机上安装当前 App 项目后所显示的图标，如果在此处不设置，安装该 App 后将使用默认的图标；"屏幕方向"属性用于设置 App 在屏幕上的显示方向，本案例把它设置为"锁定竖屏"；"标题"属性的内容是在手机上启动 App 项目后，屏幕左上角标题栏中显示的文字，默认为"Screen1"。

2. 设计"按钮 1"组件

将"按钮 1"组件的"图像"属性设置为"rrobot111.png"，按钮就变成了一个机器人的形状了。

本案例不对"按钮 1"组件设置对齐方式，现在该组件居于屏幕的中央（见图 2.1），这是因为我们把"Screen1"组件的"水平对齐"方式设置为"居中","垂直对齐"方式也设置为"居中"的缘故,一个组件的对齐方式由它的父容器决定,本案例中的"Screen1"组件就是"按钮 1"组件的父容器。

App 应用中发生的行为是由事件驱动的,所谓事件是指用户对系统进行的某个操作(例如用户点击某个按钮或晃动手机)或系统接收到某个信息(例如手机接收到一条新的短信)等,有许多种事件,不同组件能响应的事件也不尽相同。

按钮组件可以感知用户的点击,用户点击按钮后,会触发它被点击的事件,如果我们为这个事件编写相应的程序代码,在手机上运行 App 后,当用户点击按钮时,就会触发该按钮被点击的事件,从而执行为该事件编写的程序代码,使手机做出某些反应。这种调用程序的机制称为事件驱动。

当一个事件发生时,App 会调用一系列功能模块进行相应的处理,我们把响应某个事件而执行的一系列功能程模块称为事件处理器。经过下面的逻辑设计,在手机上运行本案例 App,当我们点击"按钮 1"组件时,会响起音乐,同时在"标签 1"组件上显示文字信息:"大家好,我叫小聪聪"。

3. 设计"音频播放器 1"组件

在"组件面板"中选择"多媒体"类组件中的音频播放器组件,把它拖放到"Screen1"组件中,即可在 App 中设置该类型的组件,在本案例中生成的是"音频播放器 1"组件,在图 2.2 所示的界面中可以看到,它属于非可视组件。

本案例中我们使用"音效播放器 1"组件播放一个完整的音频文件,首先用一个全局变量保存音频文件,把"音频播放器 1"组件的源文件设置为该音频文件,然后执行调用该播放器的指令模块,就可以用音频播放器播放这个音频文件了。

三、逻辑设计

把界面切换为"逻辑设计"视图,按图 2.6 所示设计程序代码。

◎ 图 2.6

上述程序包括两部分,第 1 部分是一个条状模块 初始化全局变量 变量名 为 "qingtian.mp3" ,为了叙述方便,我们在以后有时也把它称为一条语句,这条语句的功能是初始化以"变量名"命名的全局变量,把它的值设置为"qingtian.mp3"。第 2 部分由 5 条语句组成,表示当"按钮 1"组件被点击时,将执行 4 条语句,各条语句的功能分别为:设置"标签 1"组件可见;把"标签 1"组件上显示的文本设置为"大家好,我叫小聪聪";把"音频播放器 1"组件的源文件设置为全局变量"变量名"中保存的"qingtian.mp3";最后调用"音频播放器 1"组件,播放"qingtian.mp3"声音文件。

当组件设计和逻辑设计全部完成后,如果"逻辑设计"视图"工作面板"中"显示警告"图标显示的警告错误和禁止错误全部为 0,如图 2.7 所示,就表明整个设计是正确的。

◎ 图 2.7

接下来就可以进行连接,测试我们当前设计的 App 小程序了,方法是执行"连接"→"AI 伴侣"菜单命令,用手机扫描如图 2.8 中所示的二维码,完成测试。

◎ 图 2.8

一定要注意,手机与计算机必须在同一个网络中才可以进行连接操作。

请设计一个 App,利用标签组件显示一首诗,并配上相应的朗读。

第 3 节　制作私人相册

1. 掌握导入图片文件的方法。
2. 学会使用"界面布局"类组件排列组件。
3. 学会定义全局变量。
4. 掌握选择结构程序，会用它控制程序流程。

一、情景导入

照片记录了我们对美好时光的回忆。本节我们制作一个"私人相册"App，用来珍藏和显示我们喜爱的照片，如图 3.1 所示。

◎ 图 3.1

二、设计组件

① 登录 AI2 开发网站，新建一个名为"xiangce"的项目。从"组件面板"的"用户界面"类中向"Screen1"组件中拖入一个标签组件、一个图像组件、两个按钮组件；再从"组件面板"的"界面布局"类中向"Screen1"组件中拖入一个水平布局组件。

📖 知识窗

"组件面板"的"界面布局"类组件中包含一组特殊的组件，如图 3.2 所示。"界面布局"类组件用来安排其他组件的位置，使用这类组件，可以创建简单的垂直布局、水平布局或表格布局，也可以通过这类组件创建更加复杂的布局，使组件在手机屏幕上排列得更加美观、合理。

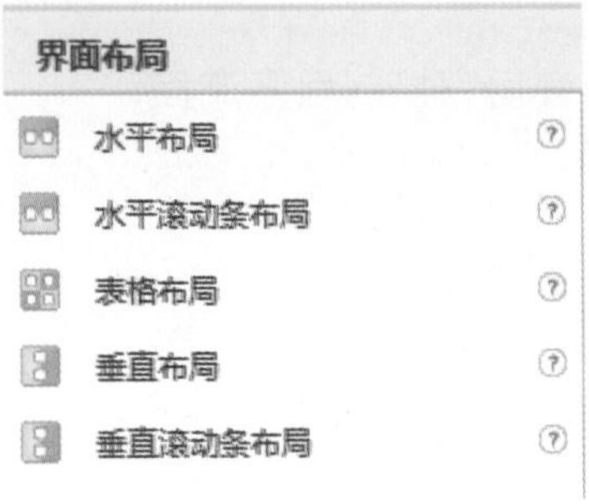

◉ 图 3.2

② 在"组件列表"中分别单击各个组件，在"组件属性"栏中，按照表 3.1 所示，分别设置各组件的属性(表中未提到的属性使用默认值)。

表 3.1　组件和组件属性设置

组件类别	作用	名　称	属　性
屏幕	其他组件的容器	Screen1	水平对齐：居中 标题：私人相册
图像	显示照片	图像 1	高度：300 像素 宽度：300 像素 可见性：可见
标签	显示文字："已是第一张"或"已是最后一张"	标签 1	字号：默认
水平布局	控制按钮的位置	水平布局 1	水平对齐：居左 垂直对齐：居上 可见性：可见
按钮	控制显示下一张	下一张	文本：下一张
按钮	控制显示上一张	上一张	文本：上一张

③ 将"下一张"按钮与"上一张"按钮，分别拖到"水平布局 1"组件中(把一个组件拖放到"水平布局 1"组件中时，可以看到一条浅蓝色竖线，提示该组件将被放置的位置)，让两个按钮并排排列，结果如图 3.3 的左图所示。

④ 将"素材"文件夹中的"1.JPG"到"8.JPG"文件上传到项目中，结果如图 3.3

的右图所示。

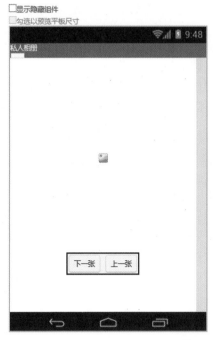

◎ 图 3.3

三、逻辑设计

组件设计完后，单击开发页面右上角的 逻辑设计 按钮，进入"逻辑设计"视图。

我们在本案例中，设计一个初始值为 1，最大值为 8 的"计数器"全局变量。实际运行 App，当用户点击"下一张"按钮时，如果"计数器"变量不等于 8，就显示下一张照片，如果计数器变量等于 8，"下一张"按钮变暗，不能交互，同时"标签 1"组件上显示"已是最后一张"的提示；同样地，当用户点击"上一张"按钮时，如果"计数器"变量不等于 1，就显示上一张照片，如果"计数器"变量等于 1，"上一张"按钮变暗，不能交互，同时"标签 1"组件上显示"已是第一张"的提示，如图 3.4 所示。

按下面的叙述编写程序。

① 单击"模块"栏"内置块"的"变量"类，找到 初始化全局变量 变量名 为 模块，把它拖到"工作面板"中。该模块的作用是创建全局变量，可以通过连接代码块为变量赋值，为此将它与"数学"类中的 0 模块结合到一起，如图 3.5 的左图所示，将"0"改为"1"，

◎ 图 3.4

将"变量名"改为"计数器",如图 3.5 的右图所示,表示建立了名称为"计数器",初始值为 1 的全局变量。

初始化全局变量 变量名 为 0　　初始化全局变量 计数器 为 1

◎ 图 3.5

② 编写"下一张"按钮被点击事件程序。单击"模块"栏中的"下一张"按钮,在"工作面板"中出现了"下一张"按钮能响应的所有事件和可设置的所有属性,如图 3.6 所示。

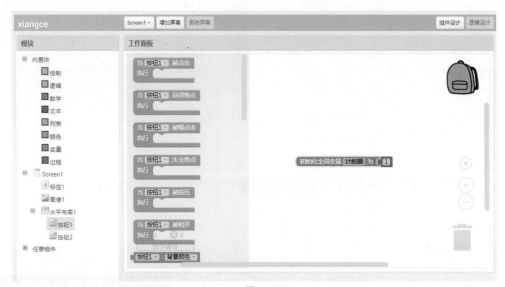

◎ 图 3.6

如图 3.7 所示,编写"下一张"按钮的被点击事件程序。

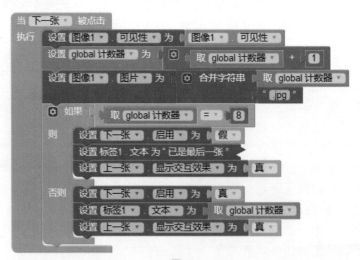

◎ 图 3.7

上述程序在点击"下一张"按钮时被执行,实现的功能如下。

※ 设置"图像 1"组件可见。

※ 让"计数器"变量的值增加 1。

※ 在"图像 1"组件上显示"计数器"变量当前值对应的照片。

※ 判断"计数器"变量的值是否等于 8，如果等于 8，则将"下一张"按钮设置为不可交互，在"标签 1"组件上显示"已是最后一张"，将"上一张"按钮的"显示交互效果"属性设置为"真"；如果不等于 8，则将"下一张"按钮设置为可以交互，在"标签 1"组件上显示"计数器"变量的值(即当前照片的序号)，将"上一张"按钮的"显示交互效果"属性设置为"真"。

因为"计数器"变量是全局变量，所以 AI2 会自动在这个变量名前显示"global"，表明该变量是一个全局变量。在 AI2 中，使用变量内置块来定义变量，变量分为全局变量和局部变量，全局变量在整个项目中都可以使用，而局部变量只能在定义它的当前模块中使用(关于局部变量，在后面还要详细介绍)。变量在使用前需要定义和赋值。注意，同一个项目中全局变量的名称不能重复。另外，变量被定义后，变量的值不会被直接显示出来，本案例中通过"标签 1"组件显示变量的值。

知识窗

在图 3.7 所示的程序中，使用了能实现选择结构程序功能的模块。

在程序中可以使用如图 3.8 的左图所示的"如果…则…"模块编写选择结构的程序，它的执行流程是先判断"如果"中给出条件是否为真(即条件是否成立)，若条件成立，就执行"则"中包含的语句；否则，转向整个模块后面的语句。

图 3.7 中使用了如图 3.8 的右图所示的"如果…则…否则…"模块，它的执行流程是先判断"如果…"中给出条件是否为真(即条件是否成立)，若条件成立，就执行"则"中包含的语句；若条件不成立，就执行"否则"中包含的语句，然后转向整个模块后面的语句。

◎ 图 3.8

可以通过下述操作设置出如图 3.8 的右图所示的模块，单击图 3.8 的左图所示模块中的蓝色齿轮图标，将打开一个扩展这个模块的提示框，如图 3.9 的左图所示，将提示框左侧的"否则"模块拖到右侧的"如果"模块当中，即可组成"如果…则…否则…"模块，如图 3.9 的右图所示。

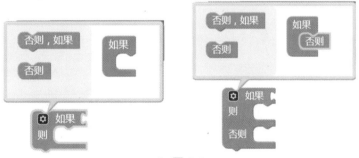

◎ 图 3.9

③ 用同样的方法，编写"上一张"按钮被点击事件驱动的程序，如图 3.10 所示。

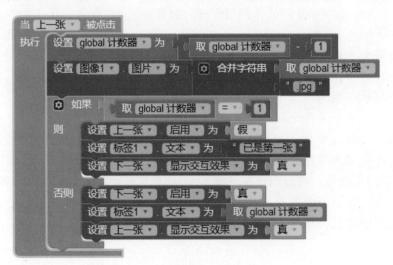

◎ 图 3.10

大家可以对照图 3.7 后的叙述，解释图 3.10 所示的程序的功能。

程序编写完成后，可以用 AI 伴侣进行连接与测试，也可以将程序打包成 apk 程序安装到手机上进行测试。

制作一个带背景音乐且包含 20 张图片的 App。

第 4 节 随机识数

1. 进一步学习通过 AI2 设计自己的 App。

2. 学习按钮、音效、文本语音转换器、加速度传感器等组件的应用。

3. 进一步学习使用"逻辑设计"视图设计程序。

一、情景导入

每个同学都有识数、写数这样的经历，有没有办法利用手机助学，更快速、高效地认识数字呢？我们在本节编制一个让学生随机认识数字的手机程序：点击按钮或晃动手机，即可随机显示一个 1 到 100 的数字，并用语音播报出来。

通过本节大家可以明白，编制 App 可以让手机具有丰富的数学功能，并可以用语音播报结果。

二、新建项目

用自己的账号登录 AI2 开发网站，执行"项目"→"新建项目"菜单命令，创建一个"random1"项目。我们要设计的"随机识数"App 如图 4.1 所示。

本案例需要设计一个屏幕组件、两个按钮组件、一个音效组件、一个文本语音转换器组件、一个加速度传感器组件。

其中，音效、文本语音转换器、加速度传感器组件是非可视组件。

设计组件时，系统会自动以"组件类型"+"序号"的方法给每个组件命名，以保证每个组件名不重复，但这样很难弄清楚每个组件的用途，并可能影响后期的逻辑设计。一个好的习惯是给每个组件起一个有意义的名字，这样可以帮助我们更有条理地设计程序，例如，本案例中有两个按钮，根据其对应的功能，将按钮名称分别设置为"启动"和"识数"。在"组件列表"控制面板下端有一个"重命名"按钮，选中需要重新命名的组件，然后单击"重命名"按钮，即可对组件重新命名。

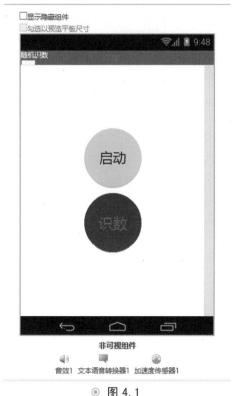

◉　图 4.1

三、设计组件

1. 设计屏幕组件

选中新建项目时系统默认建立的"Screen1"组件，在"组件属性"栏中把"屏幕方向"属性设置为"锁定竖屏"，把"水平对齐"和"垂直对齐"属性均设置为"居中"，把"标题"属性设置为"随机识数"。

2. 设计按钮组件

从"用户面板"的"用户界面"类组件中分两次把按钮组件拖到"Screen1"组件中，分别把它们命名为"启动"和"识数"。可以改变按钮的某些外观特性，本案例中，把"启动"按钮的"背景颜色"属性设置为橙色，"字号"属性设置为 26，"文本颜色"属性设置为黑色，"形状"属性设置为"椭圆"（AI2 把圆也归结为一种椭圆）参见图 4.2。同样地，也可以对"识数"按钮进行相应的设置。

3. 设计文本语音转换器组件

在"组件面板"的"多媒体"类组件中选择"文本语音转换器"项，如图 4.3 所示，将它拖到"Screen1"组件中，得到"文本语音转换器 1"组件。

文本语音转换器组件可以让设备用语音读出文字，需要注意的是，文本语音转换器组件默认调用的是手机的 Pico TTS 引擎(TTS 为 Text To Speech 的缩写，意思是从文本到语音)，本案例中对"文本语音转换器 1"组件的属性使用默认值，如图 4.4 所示，其中"国家"属性表示语音转换的国家代码；"语言"属性表示语音转换的语言代码；"音调"属性用来设置合成语音的音调，取值范围为 0～2，值越低，音调越低，值升高，音调也升高；"语速"属性用来设置合成语音的语速，取值范围为 0～2，值越低，语速越慢，值升高，语速也加快。

◉ 图 4.2　　　　◉ 图 4.3　　　　◉ 图 4.4

Pico TTS 引擎不支持中文,如果要朗读中文,需要安装中文语音引擎,目前常用的中文语音引擎有百度语音助手、讯飞语音等,可以通过手机上的应用商店或应用宝下载并安装,然后在用户的手机上加载指定的中文语音引擎,方法如下:点击"设置"图标,再点击"系统"→"语言和输入法"→"文字转语言(TTS)输出"功能项,在首选引擎中选择某一种语音引擎(如"讯飞语音引擎"),由于不同手机厂商对系统的定制不一样,因此不同手机的安装方法可能不同。

4. 设计音效组件

在图 4.3 所示的"组件面板"的"多媒体"类组件中选择"音效"项,将它拖到"Screen1"组件中,得到"音效 1"组件,该组件可以使手机产生震动。

5. 设计加速度传感器组件

在"组件面板"的"传感器"类组件中选择"加速度传感器"项,如图 4.5 所示,把它拖到"Screen1"组件中,得到"加速度传感器 1"组件。

加速度传感器组件用于检测是否摇晃了手机,该组件的"启用"属性表示加速度传感器组件是否可用,"最小间隔"属性的单位为毫秒,表示手机对晃动的反应时间;"敏感度"属性表示传感器的灵敏度,其值有"较强""适中""较弱",默认为"适中",本案例中对"加速度传感器 1"组件的设置如图 4.6 所示。

经过以上设计后,本案例的"组件列表"如图 4.7 所示。

◉ 图 4.5　　　　　　　◉ 图 4.6　　　　　　　◉ 图 4.7

表 4.1 列出了各组件的相关属性。

表 4.1 组件和组件属性设置

组件类别	作 用	名 称	属 性
屏幕	其他组件的容器	Screen1	标题：随机识数 水平对齐：居中，垂直对齐：居中
按钮	启动程序	启动	形状：椭圆形，背景：橙色 文本：启动，文本颜色：黑色 字号：26，字体：默认字体
	产生随机数字	识数	形状：椭圆形，背景：蓝色 文本：识数，文本颜色：红色 字号：26，字体：默认字体
文本语音转换器	读出文本的语音	文本语音转换器 1	
加速度传感器	晃动手机产生数字	加速度传感器 1	
音效	让手机产生振动	音效 1	

四、逻辑设计

完成上述组件设计后，接下来就可以进行逻辑设计了，在设计过程中，如认为组件的设计不合理，可以随时重新设计组件的属性或调整、增加、删除组件，直到认为界面设计合理为止。

为"启动"按钮的被点击事件编写的程序代码如图 4.8 所示，这段程序实现以下功能：每点击一次"启动"按钮，就产生一个 1 到 100 的随机数，并把"识数"按钮上的文本显示为这个随机数，然后调用"音效 1"组件，让手机振动 1000 毫秒（图 9.8 中显示的"震动"系程序表述错误，应为"振动"），再调用"文本语音转换器 1"组件，读出这个随机数。

◉ 图 4.8

为"加速度传感器 1"组件编写程序代码。当晃动手机时，将触发"加速度传感器 1"的被晃动事件，为该组件编写事件程序，实现和上述程序功能同样的功能，程序如图 4.9 所示。

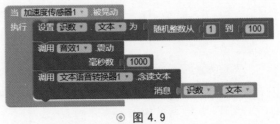

◉ 图 4.9

完成上述逻辑设计后，可以再对组件的属性适当进行调整，以达到更好的效果，然后用 AI 伴侣进行连接与测试。

请设计一个 App，在界面上设计三个按钮组件和一个标签组件，其中的两个按钮组件用来产生不同的数；另一个按钮组件用来对这两个数进行加法运算，并在标签组件上显示相加得到的和。

第 5 节　设计两数相加小程序

1. 进一步学习定义和使用变量。
2. 学习设计选择结构语句中的条件和设计嵌套使用的选择结构语句。
3. 学会定义和调用过程。
4. 学会给程序添加注释。

一、情景导入

学习数学时，经常要进行加、减、乘、除运算。一般手机上都会有"计算器"这类小程序，你想不想自己也编制一个用来检验计算结果的小程序？我们在本节编制一个在手机上运行的"数学加加看"游戏小程序，这是一个用来在手机上学习数学加法的小游戏程序，有很强的趣味性。运行程序时，点击"开始"按钮，将自动生成加数和被加数，它们分别取 1 到 9 的随机数，然后显示一个完整的加法算式和自动生成的答案，用户判断答案正误后，可以分别点击"正确"或"错误"按钮表示判断结果。游戏中有一个"生命值"计数器，它的初始值为 3，用户每判断错一次，生命值减 1，当生命值为 0 时，程序就结束了，这时可以重新启动游戏程序，点击"开始"按钮继续进行游戏，本节编制的 App 界面如图 5.1 所示。

二、组件设计

用自己的账号登录 AI2 开发网站，新建一个"mathsum"项目。首先上传本项目要用到的"wrong.wav"音乐素材文件，然后设计组件，本案例需要设计 3 个水平布局组件，这样就可以将手机屏幕分为 4 个部分，第一部分为算式，由五个标签组件组成，它们放置在第一个水平布局组件中；第二部分由两个按钮组件组成，分别是"正确"按钮和"错误"按钮，它们放置在第二个水平布局组件中。第三部分是四个标签组件，分别用来显示"得分"、得分值、"生命值"、生命值，它们放在第三个水平布局组件中；第四部分是一个"开始"按钮，用来产生一个算式。另外还有两个非可视组件，分别是对"话框 1"组件和"音频播放器 1"组件。各组件和组件的属性设置如表 5.1 所示。

◉ 图 5.1

表 5.1 组件和组件属性设置

组件类别	作 用	名 称	属 性
屏幕	放置其他组件的容器	Screen1	水平对齐：居中 屏幕方向：锁定竖屏 标题：数学加加看
水平布局	将组件按行排列	水平布局 1	水平对齐：居中 背景颜色：透明 宽度：充满
标签	显示加数	数 A	字号：80，文本：A
	显示"+"	加号	字号：80，文本：+
	显示被加数	数 B	字号：80，文本：B
	显示"="	等号	字号：80，文本：=
	显示和	数 C	字号：80，文本：C
水平布局	将组件按行排列	水平布局 2	水平对齐：居中 背景颜色：透明 宽度：充满
按钮	用于响应点击 （判断式子正确）	正确	字号：40，文本：正确
	用于响应点击 （判断式子错误）	错误	字号：40，文本：错误
水平布局	将组件按行排列	水平布局 3	水平对齐：居中 背景颜色：透明 宽度：充满
标签	显示"得分"	得分	字号：50，文本：得分

（续表）

组件类别	作　用	名　称	属　性
标签	显示得分值	得分值	字号：50，文本：0
	显示"生命值"	生命	字号：50，文本：生命值
	显示生命值	生命值	字号：50，文本：3
按钮	用于响应点击，产生新的算式	开始	背景颜色：橙色 字体：粗体 字号：40，文本：开始
音频播放器	播放声音文件	音频播放器 1	源文件：wrong.wav
对话框	用于显示警告信息	对话框 1	

设计完组件后的开发页面如图 5.2 所示。

◉ 图 5.2

三、逻辑设计

1．设计全局变量

本案例需要设计和初始化四个全局变量，如图 5.3 所示。其中"声音"全局变量，用于保存一个声音文件，当我们的判断结果错误时，会播放错误提示音乐。例如，当显示出来的算式是"6+8=13"时，如果用户点击"正确"按钮时，就会播放错误提示音乐，同时生命值减 1。

◎ 图 5.3

2. 编写"开始"按钮的被点击事件程序

本案例中点击"开始"按钮时，要产生一个新的加法算式并得到结果，这里约定新的算式和得到的结果的形式为"A+B=C"，被加数 A、加数 B 的取值范围分别为 1～9，结果 C 的取值为 A 与 B 的和再加上一个-1 到 1 的随机数，加-1 到 1 的随机数的目的是让得到的算式可能正确，也可能错误，例如当产生的算式为"6+8=13"时，就是一个错误的算式。

"开始"按钮的被点击事件程序如图 5.4 所示。

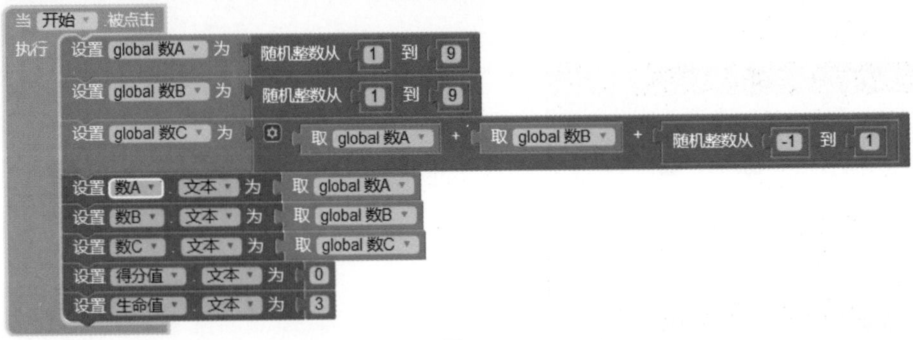

◎ 图 5.4

3. 过程的定义和调用

如果某个功能模块在一个 App 项目中要被多次调用，我们就可以将其定义为一个"过程"。过程是具有一定功能的程序段，可以被整个程序多次调用。其实我们在此前已经在不知不觉中使用了过程，各种组件所关联的方法就是系统已经编辑好的过程，如手机的振动就是一个系统已经事先定义好的内置的过程，在程序中可以多次调用这个功能。除了内置的过程外，AI2 还提供了让用户自己定义过程的功能，允许开发人员将实现一定功能的模块封装为一个整体从而形成一个过程，可以为过程取一个名字和设置参数列表，这样不仅可以减少重复编写代码的工作量，还能使代码变得简单、清晰、易懂，提高程序的可维护性、降低程序的错误率。

图 5.4 中所示的程序中包含图 5.5 所示的 6 条语句。

◎ 图 5.5

这些语句用来产生一个新的算式，本案例中"产生新的算式"这一功能被多次使用，因此可以把它们定义为一个过程，以减少程序的冗余。

在"组件面板"中，单击"过程"项，"工作面板"中会弹出定义过程用到的程序模块，如图 5.6 所示。

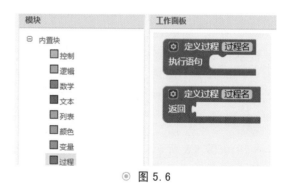

◎ 图 5.6

选择图 5.6 右上角的模块，给过程起一个名字"产生新的算式"，编写如图 5.7 所示的过程。

◎ 图 5.7

这样我们就可以在程序中多次调用这个过程了。

4. 编写"正确"按钮和"错误"按钮的被点击事件程序

"正确"按钮的被点击事件程序如图 5.8 所示。

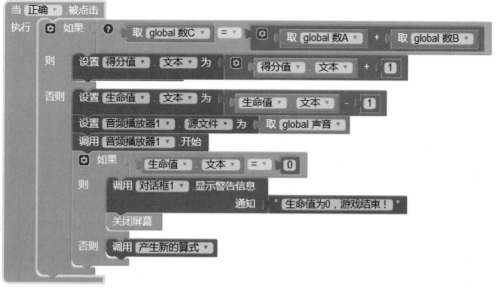

◎ 图 5.8

图 5.8 所示的程序首先判断 C=A+B 是否成立，如果成立，则让"得分值"标签上显示的数字加 1；如果 C=A+B 不成立，但用户点击了"正确"按钮，则生命值减 1，播放错误提示音乐。再判断生命值是否为 0，如果为 0，则显示警告信息"生命值为 0，游戏结束！"，然后关闭屏幕，结束游戏；否则，通过 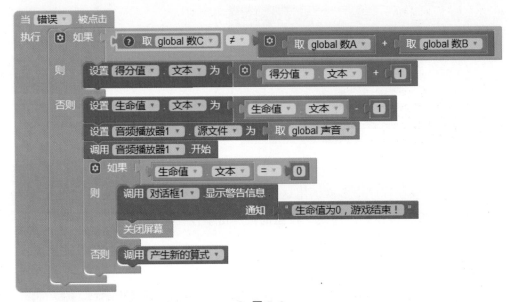 调用 产生新的算式 语句，调用"产生新的算式"过程，产生一个新的算式，让用户继续进行游戏。

📖 知识窗

从图 5.8 所示的程序中得知，在选择结构的语句中仍然可以包含选择结构语句，这种现象称为选择结构的嵌套，用嵌套的选择结构，可以实现多分支选择的功能，从多个条件中选择满足条件的一个语句块来执行。

"错误"按钮的被点击事件程序如图 5.9 所示。

◉ 图 5.9

请大家对照图 5.8 后的叙述，解释图 5.9 所示的程序。

📖 知识窗

运行 AI2 编写的程序进行运算时，对数据类型的相互转换要求并不严格，例如执行 设置 得分值 文本 为 得分值 文本 + 1 语句时的数据转换过程如下。

① 标签组件上显示的文本内容的数据为文本类型，运行上述语句时，先把"得分值"组件的"文本"属性值自动转换为数值。

② 将该值加 1。

③ 把新得到的数值自动转换为文本类型的数据。

④ 把得到的文本类型的数据赋给"得分值"组件的"文本"属性。

在 AI2 中，并不严格区分文本和数据类型，只要符合转换规则，不同数据类型的值可以自动转换。

5. 给程序添加注释

为了让其他用户读懂程序，可以给程序添加注释，对程序语句进行解释。用 AI2 开发 App 项目编写程序时，可以在任意语句上右击，在弹出的快捷菜单中执行"添加注释"命令，这时会在该模块的右上角创建一个中间是问号的图标❓，它关联着一个文本区域，单击❓图标，将弹出一个输入框，开发者可以在其中填写注释内容，如图 5.10 所示。给程序添加注释是一个良好的习惯，大家应该掌握这个功能。

点击"错误"按钮时，执行的程序

? 当 错误 ▼ .被点击
执行　如果　? 取 global 数C ▼　≠ ▼　　取 global 数A ▼ ＋ 取 global 数B ▼
　　则　设置 得分值 ▼ . 文本 ▼ 为　　得分值 ▼ . 文本 ▼ ＋ 1
　　　　调用 产生新的算式 ▼
　　否则　设置 生命值 ▼ . 文本 ▼ 为　　生命值 ▼ . 文本 ▼ － 1
　　　　设置 音频播放器1 ▼ . 源文件 ▼ 为　取 global 声音 ▼
　　　　调用 音频播放器1 ▼ .开始
　　　　如果　生命值 ▼ . 文本 ▼ ＝ ▼ 0
　　　　则　调用 对话框1 ▼ .显示警告信息
　　　　　　　通知　" 生命值为0，游戏结束！"
　　　　　　关闭屏幕
　　　　否则　调用 产生新的算式 ▼

◉ 图 5.10

在完成本节"数学加加看"游戏程序后，大家是否不甘心只做一个判断者，而更想成为一个决定者，这时该如何做呢？我们可以把本案例所提供的判断功能改变为填空功能，自己填写加法运算的答案。使用文本输入框组件可以向 App 输入内容。运行 App 时，当光标定位到文本输入框组件中时，可以调用手机自带的键盘进行输入。

拓展任务

请大家将本节案例中的加法运算改为减法、乘法或除法运算（改为除法运算后，编写程序的难度比较大），还可以扩大参与运算的数的范围，例如可以是负数等。

第 6 节　设计求累加和程序

1. 学会编写循环结构的程序。
2. 学习全局变量和局部变量的区别及应用。
3. 掌握"退出程序"语句的应用。

一、情景导入

在数学学习中，大家经常会遇到累加或累乘这样的运算，当参与累加（累乘）的加数（乘数）的个数很多时，运算起来时间很长。我们可以利用 AI2 开发一个 App，解决这样的问题。AI2 和其他计算机高级程序设计语言一样，也有循环结构的语句，使用这种语句可以重复多次执行循环体。本节我们就来设计一个用手机求 1 到 100 累加和的程序。

二、组件设计

登录 AI2 的开发平台，新建一个"sum1"项目，本项目需要按下述要求设计组件：一个水平布局组件；两个标签组件，这两个组件要放在一个水平布局组件中，以便让它们并排排列，为了让显示结果清晰、醒目，把这两个组件的"文本颜色"属性设置为不同颜色；一个按钮组件，运行程序时，点击该按钮，将显示计算结果。各组件的属性设置如表 6.1 所示。

表 6.1　组件和组件属性设置

组件类别	作　用	名　称	属　性
屏幕	放置其他组件的容器	Screen1	水平对齐：居中 屏幕方向：锁定竖屏 标题：1～100 累加和
水平布局	将组件按行排列	水平布局 1	水平：居中，垂直：居上
标签	显示提示文本	提示文本	文本：1～100 的累加和 字号：20
	显示结果	结果	文本：空白，字号：20 文本颜色：红色
按钮	响应点击	计算	文本：计算

在 AI2 中设计的本案例的界面如图 6.1 所示。

◉ 图 6.1

三、逻辑设计

本案例使用循环结构实现累加求和的功能。使用循环结构的程序可以重复执行一段语句，被多次重复执行的这段语句称为循环体。执行循环结构的程序，一般需要先验证某个条件是否成立，当条件成立的时候，执行循环体；当条件不成立的时候，跳出循环，执行循环体后面的语句。AI2 提供了三种格式的循环语句，在"模块"栏的"内置块"类中选择"控制"项，可以看到这三种格式的循环语句，如图 6.2 所示。我们把它们分别称为第一种格式的循环语句、第二种格式的循环语句、第三种格式的循环语句。

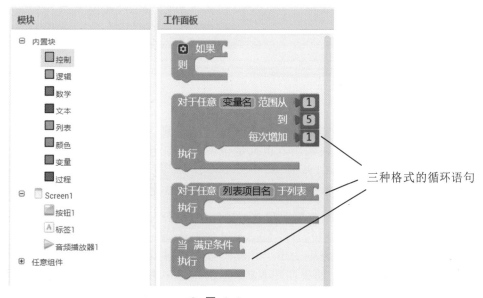

◉ 图 6.2

下面，我们进行逻辑设计。

1. 用第一种格式的循环语句设计程序

① 首先定义一个全局变量，把它命名为"sum"，并将其初始值设置为 0，如图 6.3 所示。

初始化全局变量 sum 为 (0)

◎ **图 6.3**

② 选择循环语句模块，如图 6.4 的左图所示；将默认的"变量名"名改为"source"，把默认的从 1 到 5 的范围改为从 1 到 100，每次增加的值设置为 1，如图 6.4 的右图所示。

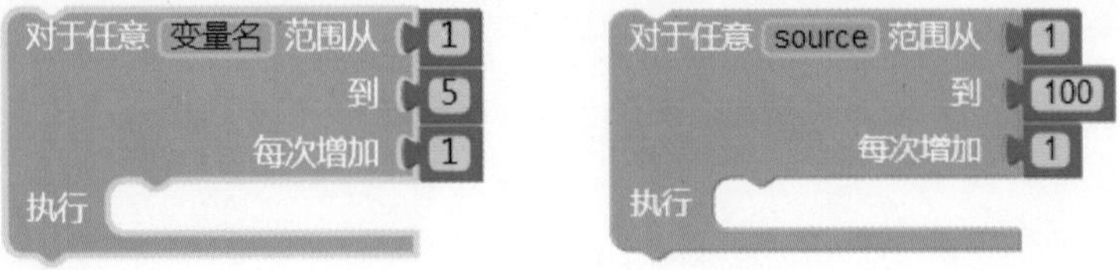

对于任意 变量名 范围从 (1)
到 (5)
每次增加 (1)
执行

对于任意 source 范围从 (1)
到 (100)
每次增加 (1)
执行

◎ **图 6.4**

③ 为"计算"按钮的被点击事件编写如图 6.5 所示的程序：先用 设置 global sum 为 (0) 语句，把变量 sum 的值设置为 0，把图 6.4 所示的循环语句模块嵌入到"计算"按钮被点击事件的程序中，在该语句的"执行"的右面插入 设置 global sum 为 (取 global sum + 取 source) 语句，用来求 1 到 100 的累加和，然后用 设置 结果 文本 为 取 global sum 语句，在"结果"标签中显示所求的和。

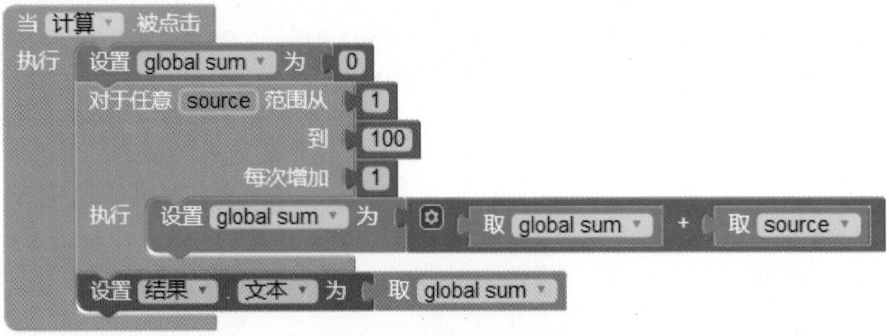

当 计算 被点击
执行 设置 global sum 为 (0)
对于任意 source 范围从 (1)
到 (100)
每次增加 (1)
执行 设置 global sum 为 (取 global sum + 取 source)
设置 结果 文本 为 取 global sum

◎ **图 6.5**

图 6.4 和图 6.5 中出现的变量 source 是局部变量，局部变量仅在使用它的当前模块中起作用，不能被其他模块调用，也就是说，它的作用范围仅限于本模块。

本程序中的循环体语句为 设置 global sum 为 (取 global sum + 取 source)，其作用是实现下述算式：sum=sum+source，整个循环语句的功能是用局部变量 source 循环读取 1 到 100 的整数，并把它们依次累加到变量 sum 中，这样就可以求得 1～100 中所有整数的和 5050。

为什么要在执行循环语句前用 设置 global sum 为 (0) 语句把变量 sum 的值设置为 0 呢？这是为了防止用户不停地点击"计算"按钮，导致在以前计算得到的结果的基础上又加上 5050 的现象发生。如果在图 6.5 所示的程序中去掉 设置 global sum 为 (0) 语句，把程序改为图 6.6 所示的形式，则在连续两次点击"计算"按钮后得到的结果将如图 6.7 所示。

◎ 图 6.6

◎ 图 6.7

在设计程序时，还可以使用 退出程序 语句结束整个程序的运行，如图 6.8 所示。

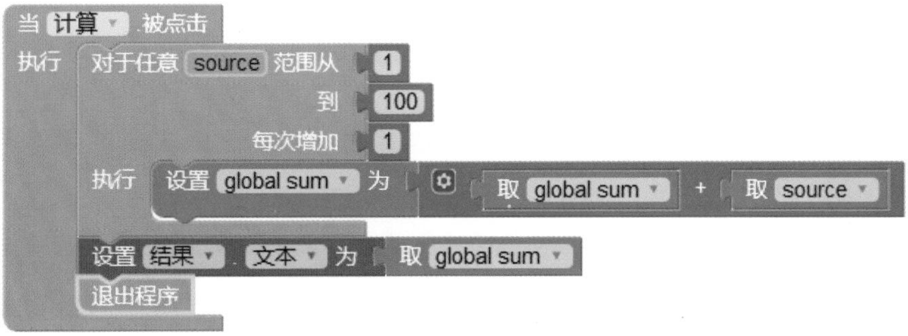

◎ 图 6.8

按图 6.8 所示设计程序，在调试程序时，点击"计算"按钮后，屏幕中会出现错误提示信息，如图 6.9 所示，该提示信息的含义是："在开发的过程中，不支持关闭表单"。

2. 用第三种格式的循环语句设计程序

在编写程序时，还可以使用如图 6.10 所示的第三种格式的循环语句，它是一种当型循环结构，当满足条件时一直执行循环体。

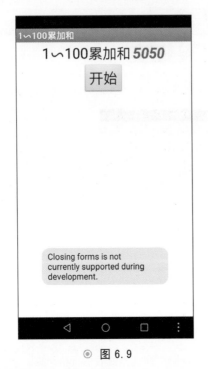

◎ 图 6.9

◎ 图 6.10

使用第三种格式的循环语句求 1 到 100 累加和的全部程序如图 6.11 所示。

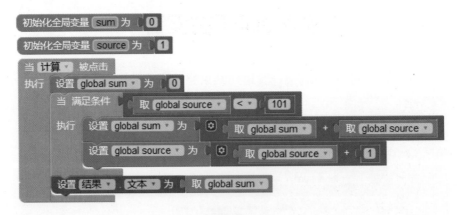

◎ 图 6.11

上述程序中设计了两个全局变量 sum 和 source，全局变量 sum 用来保存累加和，所以把 sum 初值设置为 0，而全局变量 source 则用来控制循环次数，变量 source 的初值设置为 1，当变量 source 的值小于 101 时，执行循环体语句；当变量 source 的值等于或大于 101 时，退出循环，也就是说，当变量 source 的值在 1~100 范围内时，执行循环体。在循环体中，把变量 source 的值加入变量 sum 后，让变量 source 的值增加 1。

3. 用第二种格式的循环语句设计程序

第二种格式的循环语句是遍历列表的循环语句格式，如图 6.12 所示。

◉ 图 6.12

本案例如果用这种格式的循环语句编写求 1 到 5 的累加和的程序，得到的结果如图 6.13 所示。

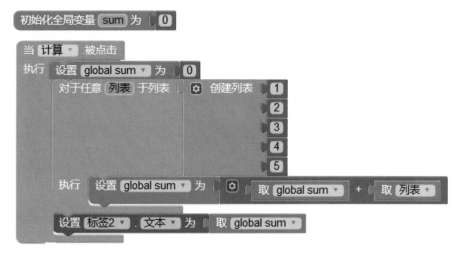

◉ 图 6.13

列表组件将在第 8 节详细介绍，这里只对图 6.13 所示的程序进行简单的介绍。

用遍历列表格式的循环语句在执行过程中遍历列表中包含的各个元素，为此，要为列表设定好每一个元素，图 6.13 所示的程序中创建的列表只包含 5 个元素，它们的值分别是 1、2、3、4、5，循环语句把这 5 个值分别累加到全局变量 sum 中，因此图 6.13 所示的程序只能求 1 到 5 的 5 个整数的累加和。

在用循环语句设计程序时，要根据语法规则，灵活使用不同格式的循环语句。

请将本节中设计的 App 改为求 1 到 100 的所有奇数的和或所有偶数的和，理解循环语句的应用。

第 7 节　在画布上涂鸦

学习目标

1. 学习在画布上利用拖动事件绘画。
2. 学习使用"界面布局"类组件控制较复杂的屏幕的外观。
3. 学习照相机组件的使用方法。

学习过程

一、情景导入

很多人在休闲时喜欢随意画画，即所谓的涂鸦，你还记得儿时的涂鸦吗？我们这里说的"涂"指随意地涂抹，"鸦"泛指各种颜色，把"涂"和"鸦"这两个字合在一起指的就是随意涂抹各种颜色之意。现在我们就一起制作一款时尚的"涂鸦板"App，供大家在休闲时消遣。运行这个 App，用户可以在手机屏幕上随意画画，如图 7.1 所示。用户还可以设置画笔的颜色和粗细，可以导入自己喜欢的图片或自己拍摄的照片作为画布的背景，画完后，可以保存下来，也可以把它分享给朋友。

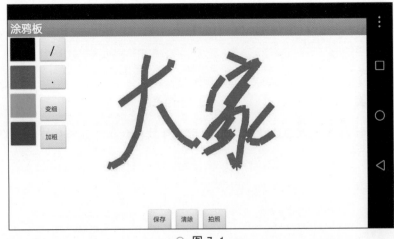

◎ 图 7.1

二、组件设计

登录 AI2 的开发平台，新建一个项目，取名为"paint"，本案例需要设计的组件和组件的相关属性如表 7.1 所示。

表 7.1　组件和组件相关属性设置

组件类别	作　用	名　称	属　性
屏幕	放置其他组件的容器	Screen1	水平对齐：居中，标题：涂鸦板 屏幕方向：锁定横屏
水平布局	用于排列其他组件	水平布局 1	水平对齐：居左，垂直对齐：居下 宽度：充满 ，高度：充满
表格布局	用于排列最左侧按钮	表格布局 1	列数：2 列，行数：4 行 高度：自动
水平布局	用于排列其他组件	水平布局 2	高度：充满，宽度：充满
按钮	用于选择黑色	黑色	背景颜色：黑色，高度：40 像素 宽度：40 像素，文本：无
	用于选择红色	红色	背景颜色：红色，高度：40 像素 宽度：40 像素，文本：无
	用于选择绿色	绿色	背景颜色：绿色，高度：40 像素 宽度：40 像素，文本：无
	用于选择蓝色	蓝色	背景颜色：蓝色，高度：40 像素 宽度：40 像素，文本：无
	用于选择画线	画线	高度：40 像素，宽度：40 像素， 文本：/
	用于选择画点	画点	高度：40 像素，宽度：40 像素，文本：.
	让画笔变细	变细	背景颜色：默认，高度：40 像素 宽度：40 像素，文本：变细
	让画笔变粗	加粗	高度：40 像素，宽度：40 像素 文本：加粗
	用于保存所画内容	保存	高度：自动，宽度：自动 文本：保存
	用于清除所画内容	清除	高度：自动，宽度：自动 文本：清除
	用于选择拍照	拍照	高度：自动，宽度：自动 文本：拍照
画布	用于绘画	画布 1	高度：充满，宽度：充满
照相机	用于选择组件照相机	照相机 1	默认

1. 设计水平布局组件和表格布局组件

本案例中使用的组件较多，需要使用"界面布局"类组件在屏幕中对其他组件布局，为此先在屏幕中设置"水平布局 1"组件和"水平布局 2"组件，把"水平布局 1"组件设置在"水平布局 2"组件的上方，再向"水平布局 1"组件中拖入一个表格布局组件，得到"表格布局 1"组件，按表 7.1 所示，设置这 3 个组件的相关属性。

2. 设计按钮组件

本案例中有 11 个按钮组件，在使用"界面布局"类组件设置这些按钮组件的位置时，应遵循从左到右和从上到下的原则，一步步设置。

在"表格布局 1"组件中，按两列四行分别放置"黑色""红色""绿色""蓝色""画线""画点""变细""加粗"这 8 个按钮。在"水平布局 2"里面分别放置"保存""清除""拍照"3 个按钮，按表 7.1 所示设置这 11 个按钮的相关属性，结果参见图 7.2。

注意，因为本案例使用的按钮较多，在设计各个按钮组件时，一定要对每个按钮组件重新命名，这样便于进行后续的逻辑设计。

3. 设计画布组件

把"组件面板"的"绘图动画"类组件中的"画布"项拖到"水平布局 1"组件中的"表格布局 1"组件右面的空白位置，得到"画布 1"组件，然后按表 7.1 所示，设置该组件的属性，结果参见图 7.2。

画布组件是一个矩形面板，可以在其上画画，或让精灵在其中运动，画布组件可以感知触碰事件和获知触碰点，并对触碰做出响应，也就是说，画布组件能响应在其上发生的拖动事件，并可以根据拖动画出点或线，画布组件还支持很多种方法，例如设定画笔颜色、清除画布内容等。

4. 设计照相机组件

使用照相机组件，可以用手机的摄像头拍照，本案例中使用它拍照，并将拍得的照片设置为画布的背景。

全部设计完成后的结果如图 7.2 所示。

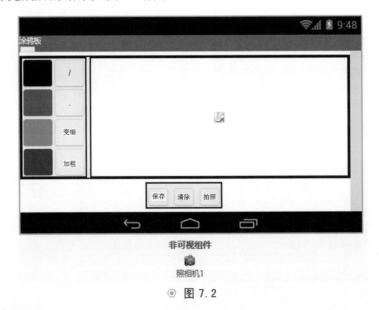

◉ 图 7.2

三、逻辑设计

1. 定义全局变量

如图 7.3 所示，定义三个全局变量。"线型"变量用来设置画出的线的线型，其值为 1 时表示画实线，其值为 2 时表示画点，初始值设置为 1；"编号"变量用来为保存文件时给文件名编号，初始值设置为 1；"线宽"变量用来设置画出的线的宽度，初始值设置为 5 像素，设置结果如图 7.3 所示。

2. 设计改变颜色按钮的被点击事件程序

点击各个改变颜色按钮时，分别将"画布 1"组件中的"画笔颜色"属性设置为相对应的颜色，各按钮的被点击事件程序如图 7.4 所示。

◎ 图 7.3　　　　　　　　◎ 图 7.4

3. 设计改变线型按钮的被点击事件程序

点击"/"（画线）或"."（画点）按钮时，设置"线型"变量的值，各按钮的被点击事件程序如图 7.5 所示。

4. 设计调整线宽按钮的被点击事件程序

点击"变细"或"加粗"按钮时，设置画出的线的宽度，每点击一次，线条宽度分别增加或减少一定像素，各按钮的被点击事件程序如图 7.6 所示。

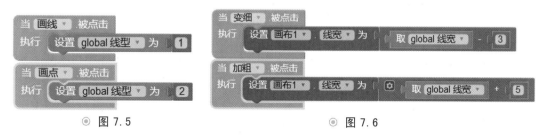

◎ 图 7.5　　　　　　　　◎ 图 7.6

5. 设计"保存"按钮的被点击事件程序

点击"保存"按钮时，调用"画布 1"组件的"另存为"方法，将当前画布中画的内容保存为和"编号"变量值相对应的图形文件，文件的扩展名为 jpg，该按钮的被点击事件程序如图 7.7 所示。

◎ 图 7.7

6. 设计"清除"按钮的被点击事件程序

点击"清除"按钮时,调用"画布 1"组件的"清除画布"方法,清除当前画布中所画的内容,该按钮的被点击事件程序如图 7.8 所示。

◎ 图 7.8

7. 设计"画布 1"组件的被拖动事件程序

在"画布 1"组件上用手指触摸画布并拖动手指时,将触发"画布 1"组件的被拖动事件,为该事件编写如图 7.9 所示的程序。

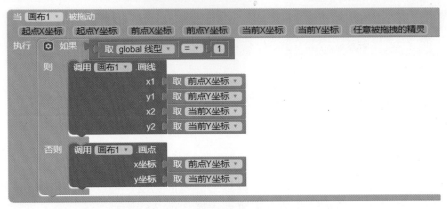

◎ 图 7.9

在图 7.9 所示的程序中调用了"画布 1"组件的"画线"或"画点"方法,用来实现在"画布 1"组件上画线或画点的功能,若"线型"变量的值为 1,则画实线,画出的线由两个点决定,分别是前点和当前点;否则画点,只需设置当前点坐标即可,下面介绍画布组件被拖动事件的参数。

起点坐标:手指触摸画布,开始拖动时的起点位置坐标;

当前坐标:当前时间采集到的手指触摸画布的位置坐标;

前点坐标:上个时间采集到的手指触摸画布的位置坐标。

8. 设计"拍照 1"按钮的被点击事件程序

当点击"拍照 1"按钮时,调用"照相机 1"组件的"拍照"方法;拍摄完成后,将所拍的照片设置为画布背景,程序如图 7.10 所示。

◎ 图 7.10

拓展任务

请为本节编写的 App 增加以下功能：设计滑动条组件，用来设置画笔的粗细；设计文本输入框组件，增加输入文字信息的功能。

第8节　设计弹球游戏程序

1. 学习使用图像精灵组件、球形精灵组件和画布组件，编制简单的游戏 App。
2. 学习列表选择框组件、对话框组件的应用。

一、情景导入

玩小游戏是娱乐休闲的好方法，台球游戏是日常生活中经常可以看到的游戏，玩这种游戏时，台球碰到球桌边缘会反弹。我们在本节编制一个弹球游戏 App，在游戏过程中，用户通过控制一个横挡板，让其左右移动来接住运动的小球，每接住一次，得分值加 1 分。如果横挡板没接住小球，让小球落到了屏幕的底边，则表示游戏失败。为了增加游戏的难度和让游戏更有趣味，要求程序除了能实现台球遇到桌子边缘会反弹外，还增加调整小球速度的功能，用户可以通过点击一个下拉列表框，选择不同的球速，挑战不同的游戏难度。这个游戏 App 的界面如图 8.1 所示。

◎ 图 8.1

二、组件设计

登录 AI2 的开发平台，新建一个项目，取名为"ball"，本案例组件设计结果如图 8.2 所示。

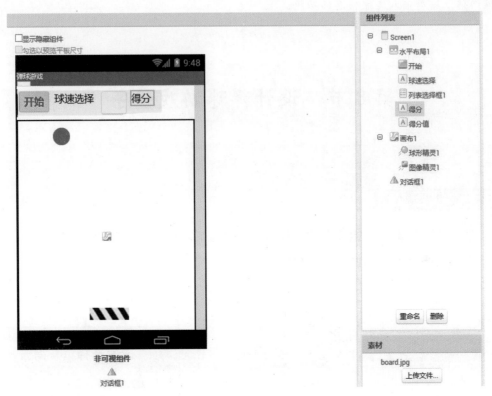

◎ 图 8.2

先上传一个素材到项目中，本案例需要的素材是"board.jpg"图片文件，这个文件中的内容是一个横挡板的图形，图片文件的扩展名是 jpg 或 png 等。

设计 1 个"开始"按钮组件，用来启动游戏。

设计 1 个"列表选择框 1"组件，用来选择球速。

设计 3 个标签组件，用来显示提示信息，显示的提示信息分别是"球速选择"、得分值、"得分"，把显示得分值的标签的"文本"属性初始值设置为空白。

设计 1 个"水平布局 1"组件，将上述组件全部拖放在"水平布局 1"组件中。

在如图 8.3 所示的"组件面板"可以选择"绘图动画"类组件，这一类组件中包含三种组件，分别是球形精灵组件、画布组件和图像精灵组件。我们在程序中要制作的动画的一项重要功能就是让图像精灵组件和球形精灵组件在画布组件中运动，这时画布组件就是球形精灵组件和图像精灵组件的容器。本案例中要设计一个"画布 1"组件、一个"图像精灵 1"组件、一个"球形精灵 1"组件，并把后两个组件设置在"画布 1"组件中。

◉ **图 8.3**

设计 1 个"对话框 1"组件，它是一个非可视组件，用于显示消息，提示游戏结束。本案例中各组件与组件的相关属性设置如表 8.1 所示。

表 8.1　组件与组件属性设置

组件类别	作　用	名　称	属　性
屏幕	其他组件的容器	Screen1	屏幕方向：锁定竖屏 标题：弹球游戏，水平对齐：居左， 垂直对齐：居上
水平布局	将组件按行排列	水平布局 1	水平对齐：居中 垂直对齐：居上 高度：自动，宽度：自动
按钮	用于响应点击事件，启动游戏	开始	背景颜色：橙色，粗体：勾选 字号：20，文本：开始 文本颜色：红色
标签	用于显示提示文字	球速选择	文本：球速选择 文本颜色：黑色 字号：20
列表选择框	用于显示可选的球速，并从中选择球速	列表选择框 1	宽度：50 像素，高度：40 像素 文本：10，文本颜色：红色
标签	显示文本"得分"	得分	文本：得分，文本颜色：黑色 字号：20
	显示"得分值"，初始值为空白	得分值	文本：空白，文本颜色：黑色 字号：20
画布	用于放置动画组件	画布 1	高度：400 像素，宽度：充满
图像精灵	用于表示横挡板	图像精灵 1	图片：board.jpg，旋转：取消勾选 x 坐标：125，y 坐标：320
球形精灵	用于表示小球	球形精灵 1	画笔颜色：品红色，半径：15 x 坐标：60，y 坐标：10
对话框	用于提示游戏结束信息	对话框 1	默认

三、逻辑设计

1. 定义变量

在本案例中提供 6 种可供选择的球速，为了简化变量定义，用一个列表表示这 6 个球速。

在 AI2 中，列表是用来表示一组有序数据的一种数据类型，它也被视为变量，使用列表可以表示按照一定顺序排列的若干元素，列表中的元素称为列表项，每个列表项在列表中都对应一个位置序号，这个位置序号称为索引。开发者可以创建列表，为列表添加列表项，通过索引值在列表中选择某个列表项。

可以通过两种指令模块创建列表，一是创建一个空列表，指令模块如图 8.4 的左图所示；二是创建含多个初始列表项的列表，指令模块如图 8.4 的中图所示。列表项的数量可以根据实际需求进行调整。列表中各列表项的内容可以是文本、数字、颜色等多种类型的数据，还可以是另一个列表，如图 8.4 的右图所示，也就是说，列表中还可以包含列表，形成嵌套的列表。

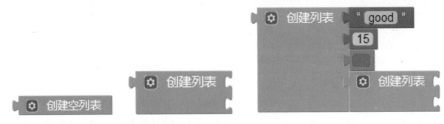

◉ 图 8.4

本案例中定义三个全局变量，分别为用来记录游戏得分的"得分值"、当前选择的"选中球速"和"球速列表"。"球速列表"变量是一个列表类型的数据，用它来存放 6 种不同的球速。定义变量的程序如图 8.5 所示。

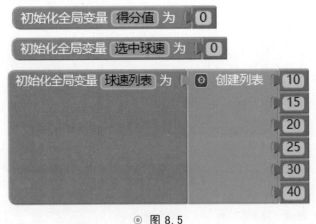

◉ 图 8.5

2. 初始化

把"列表选择框 1"组件的"元素"属性值设置为"球速列表"变量的值，用来动态加载球速，程序如图 8.6 所示。

◉ **图** 8.6

3. 编写"开始"按钮的被点击事件程序

"开始"按钮的被点击事件程序如图 8.7 所示。

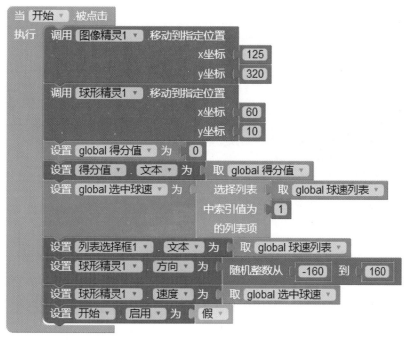

◉ **图** 8.7

图 8.7 所示的程序完成的功能是：为"图像精灵 1"组件（就是横挡板）和"球形精灵 1"组件指定初始位置，其中"图像精灵 1"组件的坐标为(125，320)，"球形精灵 1"组件的坐标为(60，10)；把"得分值"变量的值设置为 0，并把它设置为"得分值"标签的"文本"属性值；选择"球速列表"第 1 项的值，并把它设置为"列表选择框 1"组件的"文本"属性值和"球形精灵 1"组件的"速度"属性值；随机设置"球形精灵 1"的方向（范围为-160 度 160 度）。最后把"开始"按钮变为不能使用，即启动程序后，不能再使用"开始"按钮。

4. 选择球速

当用户点击"列表选择框 1"组件时，将打开一个下拉列表，用户通过点击某个列表项选择了某个球速后，会触发"列表选择框 1"组件的选择完成事件，为该事件编写如图 8.8 所示的程序，用来设置"选中球速"变量的值，并用这个值分别设置"列表选择框 1"组件的"文本"属性和"球形精灵 1"的"速度"属性。

◎ 图 8.8

5. 编写"图形精灵 1"组件的被拖动事件程序

拖动"图形精灵 1"组件会触发"图像精灵 1"组件的被拖动事件，为该事件编写如图 8.9 所示的程序，就可以移动"图像精灵 1"组件了。为了使该组件始终保持水平移动，把 x 坐标取为参数"当前 x 坐标"的值，而 y 坐标始终保持不变，即保持为 320。

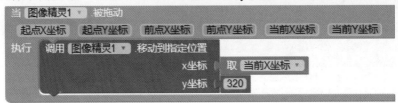

◎ 图 8.9

6. 编制"球形精灵 1"组件被碰撞事件驱动的程序

如果"图形精灵 1"组件接到了小球，即"图形精灵 1"组件和"球形精灵 1"组件发生了碰撞，将触发"球形精灵 1"组件的被碰撞事件，编写该事件的程序，如图 8.10 所示。

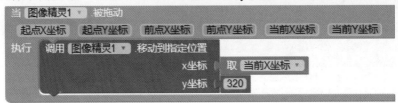

◎ 图 8.10

可以用"球形精灵 1"组件的两个属性实现连续移动这种组件的功能，一是"速度"属性，默认值为 0，当其值为 0 时，不能移动"球形精灵 1"组件；当把其值设定为大于 0 的值时，"球形精灵 1"组件可以实现移动，值越大，移动越快。二是"方向"属性，用来确定移动的方向，用 360 减去"球形精灵 1"组件原来的"方向"属性的值，即可让该组件改变运动方向，实现反弹的效果。

7. 编制"球形精灵 1"组件的到达边界事件程序

"球形精灵 1"组件在运动过程中可能碰到"画布 1"组件的边界，这时将触发"球形精灵 1"组件的到达边界事件，该事件的程序有一个传入参数"边缘数值"，其值为"球形精灵 1"组件所碰到的边界值。在 AI2 中，画布组件不同方向的边界对应不同的值，如图 8.11 所示。

◎ 图 8.11

通过判断"边缘数值"参数的值，就可以知道"球形精灵 1"组件和"画布 1"组件哪个方向上的边界发生了碰撞。

本案例中，当"球形精灵 1"组件碰到"画布 1"组件的底边(即小球碰到"地面")时游戏结束，为"球形精灵 1"组件的到达边界事件编写的程序如图 8.12 所示。

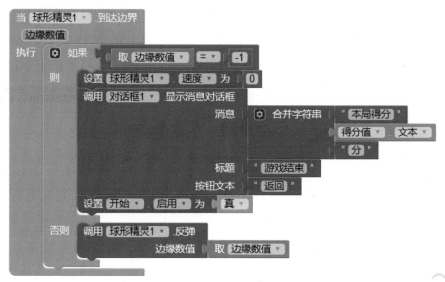

◎ 图 8.12

上述程序的功能为：先使"球形精灵 1"组件停止运动(将其"速度"属性设置为 0)；显示"对话框 1"组件(表示游戏结束，并显示具体得分)，把"对话框 1"组件中的"按钮文本"属性设置为"返回"；重新启用"开始"按钮(即允许用户重新开始新的一轮游戏)。当"球形精灵 1"组件碰到"画布"组件的其他边界时，小球反弹，继续运动。

请修改本节编写的 App，设置两个球形精灵组件，增加游戏的难度，使得游戏更有挑战性。

第9节　我爱记单词

学习目标

1. 学习使用文件管理器组件调用外部文件。
2. 掌握 csv 文件和列表之间的转换。
3. 学习二维列表的应用。

学习过程

一、情景导入

学习英语时，记忆单词非常重要，我们在本节开发一个"我爱记单词"App，用来帮助大家随时随地快速记忆英语单词，这个 App 的界面如图 9.1 所示，运行这个 App 时，点击"我爱记单词"按钮可以随机地选择单词表中的某一个英语单词，然后显示并读出该单词；点击"单词"按钮，可以显示或隐藏单词；点击"释义"按钮，可以显示或隐藏单词的中文释义。

二、组件设计

用自己的账号登录 AI2 开发平台，新建一个项目，取名为"loveenglish"。

◎ 图 9.1

本案例需要设计以下组件：四个按钮组件，分别是"我爱记单词""释义""单词""发音"按钮，用于触发相应的事件；两个标签组件，用于显示英语单词和它的中文释义，初始时设置它们的"文本"属性值为空白；一个复选框组件，用于选择是读英语单词还是读中文释义；四个水平布局组件，在每个水平布局组件中分别放置一个按钮组件，使屏幕显示更加美观；一个文件管理器组件，这是一个非可视组件，用来读取 csv 文件（英语单词表文件）至手机内存中；一个文本语音转换器组件，这也是一个非可视组件，用来读出英语单词或它的中文释义。本案例的组件设计结果如图 9.2 所示。

◉ 图 9.2

本案例中各组件和组件的属性设置如表 9.1 所示。

表 9.1　组件和组件属性设置

组件类别	作　用	名　称	组 件 属 性
屏幕	放置其他组件的容器	Screen1	方向：锁定竖屏 标题：我爱记单词
水平布局	实现内部组件水平排列	水平布局 1	水平对齐：居中 高度：100 像素，宽度：充满
按钮	切换到下一个单词	我爱记单词	粗体：勾选，字号：20 形状：圆角，文本颜色：红色 文本：我爱记单词
水平布局	实现内部组件水平排列	水平布局 2	水平对齐：居中 高度：100 像素，宽度：充满
按钮	切换释义的显示和隐藏	释义	粗体：勾选，字号：20 形状：圆角，文本颜色：蓝色 文本：释义
标签	显示释义	释义标签	字号：20　文本：空白
水平布局	实现内部组件水平排列	水平布局 3	水平对齐：居中 高度：100 像素，宽度：充满
按钮	切换单词的显示和隐藏	单词	粗体：勾选，字号：20 形状：圆角，文本颜色：品红 文本：单词
标签	显示单词	单词标签	字号：20
水平布局	实现内部组件水平排列	水平布局 4	水平对齐：居中

（续表）

组件类别	作　用	名　称	组 件 属 性
按钮	再次朗读	发音	高度：100 像素，宽度：充满 粗体：勾选，字号：20， 形状：圆角，文本颜色：黄色， 文本：发音
复选框	默认读单词，选中后读释义	复选框 1	
文件管理器	打开英语单词表文件	文件管理器 1	默认
文本语音转换器	把文本变成声音	文本语音转换器 1	默认

三、设计 csv 文件

在设计本案例的过程中，要上传一个关键的素材"english.csv"英语单词表文件，这个文件中包含若干英语单词及各个单词分别对应的中文释义，该文件要提前用 Excel 电子表格程序制作好，并保存为 csv 文件。

csv 文件是一种通用的、格式相对简单的文件，它被广泛应用于在不同程序之间传递表格数据。csv 文件泛指具有以下特征的文件：

① 内容为纯文本；

② 由记录组成（典型的是每行一条记录）；

③ 每条记录被分隔符分隔为若干字段（典型的分隔符为逗号、分号或制表符）；

④ 每条记录都有同样的字段序列。

建立本案例中的"english.csv"素材文件的具体操作方法如下。

首先用 Excel 建立一个工作簿文件，在 Sheet1 工作表中包含两列，分别为中文释义和英语单词，然后将其另存为"english.csv"文件，如图 9.3 所示，默认编码为 ANSI。

◉ 图 9.3

在 AI2 中，打开上面操作保存的文件会出现乱码，因此还需要用下述操作将它另存为 UTF-8 格式的文件：用"记事本"程序打开"english.csv"文件，然后执行"文件"→"另存为"菜单命令，打开"另存为"对话框，将"编码"设置为"UTF-8"，单击"保存"按钮。

执行完上述操后，即可将"english.csv"素材文件上传到项目中了。

四、逻辑设计

1. 读取英语单词表

当初始化屏幕时，调用"文件管理器 1"组件的"读取文件"方法，把"english.csv"文件读到 App 中，程序如图 9.4 所示。

◉ 图 9.4

从 AI2 开发平台上传到项目中的所有素材文件，在模拟运行时都放在手机的"/AppInventor/assets/"这个目录中，因此可以在文件名前设置这个目录。当通过手机安装 apk 文件运行本例时，可以先通过 AI 伴侣对 App 进行连接后再运行，这样就能确保在"/AppInventor/assets/"目录中存在"english.csv"文件，否则会因没有要装载的文件而不能正常运行。

2. 初始化"单词列表"全局变量

在"文件管理器 1"组件获得"english.csv"文件内容后，需要把该文件的内容转为内部的列表，用一个"单词列表"全局变量保存，该变量是一个列表，程序如图 9.5 所示。

◉ 图 9.5

上述程序可以把一个 csv 文件的内容转换成一个二维列表。所谓二维列表指的是该列表中的每个列表项都是一个包含相同个数列表项的列表。本案例中把"english.csv"文件中的每一行先转换成一个列表，这个列表由两个列表项组成，内容分别为英语单词和它的中文释义，然后用这些列表组成一个新的更大的二维列表，转换后的列表可以用图 9.6 所示的列表格式表示。

◉ 图 9.6

3. 编写"我爱记单词"按钮的被点击事件程序

编写如图 9.7 所示的"我爱记单词"按钮的被点击事件程序。

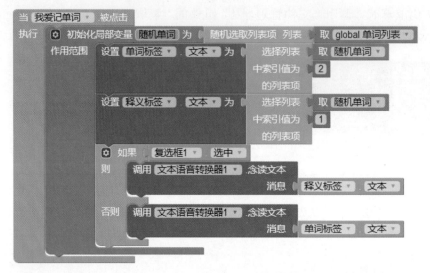

◉ 图 9.7

图 9.7 所示的程序的功能如下。

① 从"单词列表"变量中随机取出一个列表项(对应一个单词的列表),程序中设置了一个"随机单词"局部变量,用于保存选取出来的列表项,这个变量是包含两个列表项的一个列表。

② 把"随机单词"列表变量的第 2 项赋给"单词标签"的"文本"属性,第 1 项赋给"释义标签"的"文本"属性。

③ 如果当前 "复选框 1"组件处于选中状态,则读出"释义标签"上显示的内容;否则,读出"单词标签"上显示的内容。

4. 编写"单词"按钮的被点击事件程序

点击"单词"按钮,可以切换"单词标签"的可见性状态,这个操作非常简单,只需把"单词标签"的"可见性"属性设置为原来状态的相反状态即可,程序如图 9.8 所示。

◉ 图 9.8

5. 编写"释义"按钮的被点击事件序

点击"释义"按钮，可以切换"释义标签"的可见性状态，这个操作也非常简单，只需把"释义标签"的"可见性"属性设置为原来状态的相反状态即可，程序如图 9.9 所示。

◎ 图 9.9

6. 编写"发音"按钮的被点击事件程序

点击"发音"按钮时，首先判断"复选框 1"组件的选中状态，如果处于选中状态，则读出中文释义；否则，读出英语单词。每点击"发音"按钮一次，就读一遍，程序如图 9.10 所示。

◎ 图 9.10

请根据自己的需求开发一个 App，能按中文释义输入英语单词，并判断正误。

第 10 节　发送短信

1. 学习联系人选择框组件和短信收发器组件的用法。
2. 学习如何利用手机中存储的资源。

一、情景导入

发短信是手机常用的一项功能，本节开发一个用来发短信的 App，界面如图 10.1 所示。运行这个 App 发短信时，收信人的照片显示在界面中，这样可以保证把信息准确地发送给指定的收信人，而不会误发给同名同姓但不需要该短信的人。运行这个 App 后，当用户点击"联系人选择框 1"组件时，会显示手机中保存的通讯录，让用户选择接受短信的联系人，用户选择后将显示联系人的电话号码和他的照片，此后在"文本输入框 1"组件中输入短信内容，如图 10.1 所示，点击"发送短信"按钮，即可发出短信。

◎ 图 10.1

二、组件设计

本案例组件设计结果如图 10.2 所示。

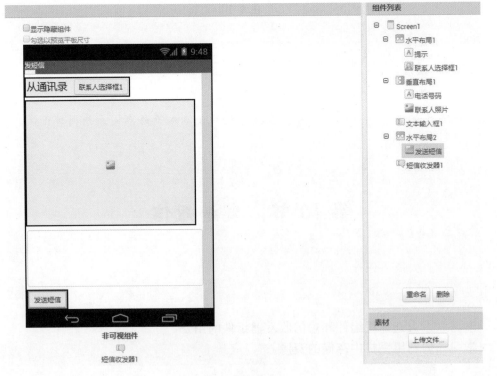

◎ 图 10.2

设计步骤如下。

① 设计"水平布局 1"组件,在其中设计一个"提示"标签及"联系人选择框 1"组件,"提示"标签上显示信息"从通讯录"。

设计"联系人选择框 1"组件的方法如下:在"组件面板"选择"社交应用"类组件,从其中选择"联系人选择框"项,将其拖动到"水平布局 1"组件中。

② 设计"垂直布局 1"组件,在其中设计两个组件:"电话号码 1"标签组件和"联系人照片 1"图像组件。把"电话号码"标签组件拖放在"垂直布局 1"组件左上角,初始时该组件的"文本"属性设置为空白,运行 App,点击"联系人选择框 1"组件后,用它显示联系人的电话号码;"联系人照片"图像组件用来显示照片,照片必须存储在手机联系人中,只有点击"联系人选择框 1"获取有关值后,才能显示联系人的照片。

③ 设计"文本输入框 1"组件,用于输入短信内容,点击该组件后,手机屏幕上自动出现键盘图形,供用户输入信息。

④ 设计"短信收发器 1"组件,它是一个非可视组件,用来发短信,短信收发器组件在"社交应用"组件类中。

⑤ 设计"水平布局 2"组件,在其中设计"发送短信"按钮组件,点击该按钮时调用"短信收发器 1"组件发送短信。

本案例中各组件和组件属性设置如表 10.1 所示。

表 10.1　组件和组件属性设置

组件类别	作　用	名　称	属　性
屏幕	其他组件的容器	Screen1	标题:发短信
水平布局	水平布局	水平布局 1	水平对齐:居左, 垂直对齐:居上
标签	显示文字	提示	文本:从通讯录
联系人选择框	用来选择联系人	联系人选择框 1	
垂直布局	布局	垂直布局 1	水平对齐:居左 垂直对齐:居上
标签	显示文本	电话号码	文本:无
图像	显示照片	联系人照片	高度:200 像素 宽度:300 像素
文本输入框	输入短信内容	文本输入框 1	允许多行:选中 文本:空白
水平布局	水平布局	水平布局 2	水平对齐:居左, 垂直对齐:居上
按钮	点击发送短信	发送短信	文本:发送短信
短信收发器	收发短信	短信收发器 1	

三、逻辑设计

1. 编写"联系人选择框 1"组件的选择完成事件程序

用户点击"联系人选择框 1"组件时,手机屏幕上会弹出通讯录中的联系人和联系人的电话号码,用户选择了某个联系人后将触发"联系人选择框 1"的选择完成事件,为该事件编写如图 10.3 所示的程序。

◉ 图 10.3

图 10.3 所示的程序完成以下功能：把"短信收发器 1"的"电话号码"属性设置为在"联系人选择框 1"组件中选择的"电话号码"；在"电话号码"标签上，显示上面选择的电话号码；在"联系人照片"图像上显示联系人的照片；设置"电话号码"标签和"联系人照片"图像可见。

2. 编写"发送短信"按钮的被点击事件程序

点击"发送短信"按钮后应该向联系人发送短信，为该按钮的被点击事件编写如图 10.4 所示的程序。

◉ 图 10.4

"社交应用"类组件的功能非常丰富，还可以用其中的联系人选择框组件打电话，有兴趣的读者可以尝试开发一个用来打电话的 App。

第四篇

开源硬件设计

初识开源硬件视频

七彩灯光视频

第 1 节　初识开源硬件

学习目标

1. 认识 NMduino 系列实验板。
2. 掌握 Mixly 软件的安装及使用。
3. 掌握管脚以及管脚输出状态的设置方法。
4. 掌握"数字输出"积木、"延时"积木与"循环"积木的使用方法。

学习过程

实验 1

一、情景导入

　　萌萌是一名活泼、快乐的初中生，她好奇心强，经常缠着当信息技术教师的爸爸问这问那。爸爸看她对新鲜事物接受程度较高，就经常购置一些科学实验器材在家开展实验，他们家里也快成了科学实验室了。

　　这天，萌萌带回来一个老师布置的家庭作业：了解 Arduino 开源硬件，有条件的同学可以在课外自己动手做开源硬件实验。

　　萌萌问爸爸："什么是开源硬件？"

　　爸爸说："开源硬件是指可以通过公开渠道获得的硬件产品及其设计资料，任何人都可以对已有的开源硬件设计进行学习、修改、发布、制作和销售。其中，Arduino 的诞生可谓开源硬件发展史上的一个新的里程碑。最近，内蒙古教育创客联盟正在进行开源硬件项目的开发，我们要不要购置一套设备在家做实验啊？"

　　萌萌开心地说："当然要了，我就知道爸爸有办法！"

　　说干就干，第二天，爸爸就把 NMduino 系列实验板摆在了家里的实验台上。

二、认识 NMduino 系列实验板

NMduino 系列实验板是内蒙古教育信息中心的创客联盟团队开发的开源硬件实验套件，是基于 Arduino 开源硬件模块进行的二次开发产品。到目前为止 NMduino 系列实验板已经有 6 个版本，从低到高分别是 MINI 版、标准版、增强版、机车版、物联网(IOT)版和 PY 版。

如图 1.1 所示的 MINI 版(型号为 NMduino-M V1.4)外形小巧，具备开源硬件的基本功能，适合初次接触开源硬件的人员使用。

如图 1.2 所示的标准版(型号为 NMduino-S 标准版 V2.3)具备 NMduino 系列实验板的基础实验功能，本章的学习大多是基于这块实验板展开的。

◎ 图 1.1

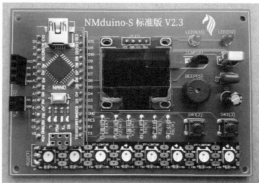

◎ 图 1.2

如图 1.3 所示的增强版(型号为 NMduino-E V3.1)在标准版基础上增强了 IO 扩展口等功能，适合使用外接传感器的高级实验。

如图 1.4 所示的机车版(型号为 NMduino-C 机车版 V4.0)拥有全开放的 IO 接口，全外接传感器，适合开展开放性的创客实践活动。

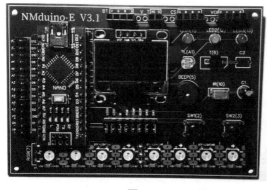

◎ 图 1.3

◎ 图 1.4

如图 1.5 所示的物联网 IOT 版(型号为 NMduino-I V5.0)采用性能更强的处理器，管脚数量更多，具备 Wi-Fi 联网功能，适合于开展物联网实验与应用的用户。

如图 1.6 所示的 PY 版(型号为 NMduino-PY V6.0)采用可以使用 MicroPython 编程的 ESP32 处理器，具备 Wi-Fi 和蓝牙功能，适合有高级硬件开发需求的用户。

◎ 图 1.5　　　　　　　　　　　◎ 图 1.6

三、NMduino-S 标准版实验板简介

1. 实验板特点

① 优点：免连线，免外接电源，直接通过 USB 口取电，管脚独立使用，采用 OLED 屏、RGB 彩灯带等节约管脚资源，简单易上手，适合初学者使用.

② 板载部件：Arduino 模块 1 个、红蓝 LED(灯)各 1 个、按键 2 个、(无源)蜂鸣器 1 个、温度传感(器)1 个、红外接收(器)1 个、OLED 屏 1 个、8 位的 RGB 彩灯带、超声(测距)传感(模块)1 个，(模拟)电压测试(接口)1 个，模块分布如图 1.7 所示。

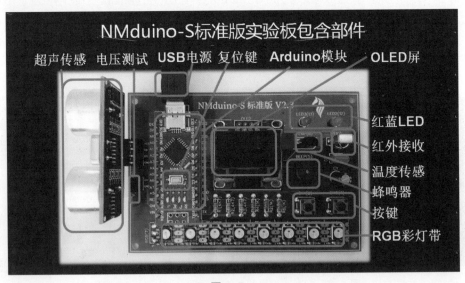

◎ 图 1.7

③ 电源供电：用 Arduino 模块的 USB 接口直接供电。

④ 提示：实验板中已经包含了系统自检程序，加电后会自动检测系统各部件的工作情况。

2. 安装"米思齐"软件

实验板只是开源硬件的硬件组成部分,要让实验板运行还必须用配套的软件编程。目前适合中小学生的实验板编程软件是"米思齐(Mixly)",它采用图形化的编程环境,简单易学。

Mixly 软件安装配置步骤如下。

① 从网站上下载 Mixly 安装文件,它是一个名为"Mixly_WIN.rar"的压缩文件,将其解压到硬盘上的某个文件夹中。

② 如果你的计算机是 32 位的操作系统,就安装"wch_ch32.exe"USB 驱动程序,如果你的计算机是 64 位的操作系统,就安装"wch_ch64.exe"USB 驱动程序。安装完成后,可以在计算机的设备管理器中看到一个 CH340 设备的 COM 端口,如图 1.8 所示。记住这个 COM 端口的端口号。同一台计算机中,不同的 USB 接口生成的 COM 端口号不同,应尽量固定一个 USB 接口连接 NMduino 实验板。

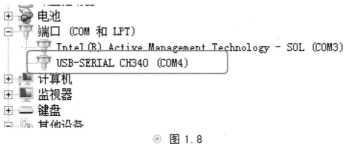

◉ 图 1.8

③ 在安装了程序的文件夹中,运行 Mixly.bat,即可打开 Mixly 运行界面,如图 1.9 所示。

◉ 图 1.9

④ 把 NMduino-S 标准版实验板连接到计算机上，在程序下部的菜单栏中，把板卡选择为 Arduino Nano[atmega328old]，选择端口为第②步记录下的 COM 端口号，如图 1.10 所示。

◉ 图 1.10

至此，开源硬件 NMduino-S 标准版实验板的软件和硬件环境就准备好了。

实验 2　点亮一个 LED 灯

一、情景导入

开源硬件的软硬件环境准备好后，萌萌迫不及待地说："爸爸，咱们先做什么实验呢？"

爸爸说："不急，在动手之前你需要了解一些简单的电路基础知识，以便更好地理解程序是怎样运行的。"

"这个没问题，我们在小学的科学课程和现在正在上的物理课程中都学习过电路知识，如果实在不行，我还可以求助物理老师。"萌萌信心满满地说。

"好的，那我们就从点亮一个 LED 灯开始吧。"

注意：如果不能完全理解本课程中涉及的电路知识，可以向物理老师求助。另外需要注意的是，同一硬件的连接方式不同，程序设计的内容也可能不相同。

二、实验步骤

1. 了解电路知识

① 点亮 LED 灯的条件是要有正向电压和合适的电流。

② 软件中提到的高低电平的含义为：高电平表示接电源(5V)，低电平表示接地(0V)。

③ 观察图 1.11 所示的电路可知，LED 灯的连接方式为：管脚 13（或 12）——限流电阻——LED 灯正极——LED 灯负极——地，所以当管脚设置为高电平时，LED 灯点亮，当管脚设置为低电平时，LED 灯熄灭。

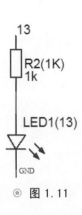

◉ 图 1.11

2. 编写程序

① 启动 Mixly 程序，将输入/输出积木类中的"数字输出"积木拖到工作区，设置管脚为 13，值设置为高(电平)，如图 1.12 所示。

◉ 图 1.12

② 单击图 1.9 中的"上传"按钮，将程序上传到实验板，这时将有较长时间用于程序编译和上传，等到出现"上传成功"字样时，说明程序上传完成，这时可以观察到实验板上蓝色 LED 灯被点亮了。

③ 观察实验板，在每个部件编号后的括号内都标明了管脚号，方便同学们编程时随时查看。同样地，如果设置 12 管脚为高电平，可以点亮红色 LED 灯。其他管脚在需要的时候也可以用这个方法设置。

实验 3　红蓝爆闪灯

一、情景导入

成功完成实验后，萌萌兴奋地说："好神奇的实验板，不用开关就可以控制小灯的亮灭。"

爸爸说："是的，开源硬件这类的智能控制系统实质上就是用软件、指令、数据等来控制小灯、屏幕、喇叭等硬件的动作。"

"那么能不能让小灯一会亮，一会灭，实现闪烁效果呢？"萌萌提出了新的要求。

"当然可以啊，这涉及延迟与循环两个功能"爸爸说。

二、实验步骤

1. 了解实验内容

① 在程序中改变了管脚状态后，在再次改变前，此状态将一直维持下去。

② 要熄灭 LED 灯，必须使用另一个命令使其管脚为低电平。

③ "延时"积木是编程中经常用到的一个重要积木。

④ 要让小灯保持亮、灭、亮、灭……编程思路为：亮——延时——灭——延时……这样就可以构成一个小灯闪烁的效果

2. 编写程序

① 启动 Mixly 程序，先用输入/输出积木类中的"数字输出"积木与控制积木类中的"延时"积木，编写图 1.13 所示的程序，上传程序后，就可以看到蓝色 LED 灯不停地"亮——灭"。因为工作区本身就是一个大的循环体。

② 要想让蓝灯连续闪烁 5 次，要用到循环积木。循环结构是计算机程序中一种重要的结构。加入循环积木后的程序如图 1.14 所示。

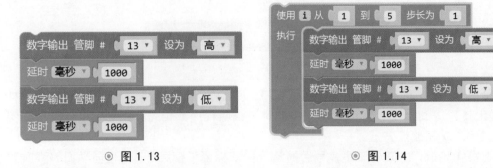

◉ 图 1.13　　　　　　　　　◉ 图 1.14

③ 把图 1.14 所示的程序块复制一份放在下面，把管脚的值改为 12，调整延时时间，即可实现红蓝爆闪灯效果，与警车上警灯的效果类似，程序如图 1.15 所示。

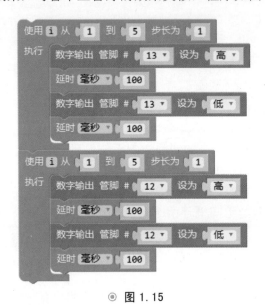

◉ 图 1.15

④ 单击"上传"按钮，程序上传完毕，驱动硬件呈现效果。

拓展任务

在熟练掌握本节的知识后，可以继续扩展"红蓝爆闪灯"程序。我们可以把蓝灯当作绿灯使用，模拟城市十字路口红绿灯工作状态：绿灯亮 30 秒——绿灯闪 3 次——红灯亮 30 秒——红灯闪 3 次，让这个过程一直循环下去。程序与"红蓝爆闪灯"类似，同学们可以自己设计。

第2节　七彩灯光

1. 认识光的构成。

2. 认识 RGB 彩灯积木和编程方法。

3. 掌握在循环中使用变量的方法。

4. 掌握随机数的用法。

实验4　点亮七彩灯

一、情景导入

萌萌放学回家后闷闷不乐，完全没有昨天做 LED 灯实验时的兴奋劲。

"发生什么事了？"爸爸问道。

原来，昨天做完点亮 LED 灯的实验，萌萌很兴奋，课余时间和同学们讲起自己的实验过程，一个同学却提出疑问："1 个管脚点亮 1 个灯，一块实验板才能点亮几个灯？你看楼宇亮化的彩灯串，一串有几百个灯，交替亮灭，你能实现吗？"萌萌被问得半天说不出话来。

"哦，这个问题好解决。我们的实验板就带有一串彩灯，我们把它点亮好不好？"爸爸说。

二、实验步骤

1. 了解相关知识

① 光的构成：人眼所看到的光，不管是什么颜色，其实都是由红、绿、蓝(RGB)这 3 个色彩按照不同的比例混合而成的，这 3 种颜色叫作三原色。

② RGB 彩灯是可以发出红、绿、蓝 3 种颜色的 LED 灯。RGB 灯带由 8 个独立的RGB 彩灯串联而成，灯带可以自由串联，最多可包含上千个彩灯。每一个 RGB 彩灯都

由 RGB 三色 LED 芯片和控制芯片组成。通过编程，可以把每个灯的 RGB 的三个值独立设置在 0～255 的范围内，从而实现灯珠的全彩显示。

2. 编写程序

① 启动 Mixly 程序，把执行器积木类中的 RGB 灯定义积木 `RGB灯 管脚 0▼ 灯数 4 亮度 20`、RGB 灯设置积木 `RGB灯 管脚 0▼ 灯号 1 R值 0 G值 0 B值 0`、RGB 灯设置生效积木 `RGB灯设置生效 管脚 0▼` 拖放在工作区中。需要注意的是：RGB 灯定义积木在一个程序里只需要出现 1 次，放在程序最前面，RGB 灯的管脚号为 7，灯数为 8；RGB 灯设置积木可以多次使用，用来设置不同号的灯的不同颜色值，本程序中出现了 3 次；RGB 灯设置生效积木放在最后面，在这个积木之前，虽然设置了灯的颜色值，但是并没有生效，只有当执行到 RGB 灯设置生效积木时，之前设置的颜色值才生效。

② 按照图 2.1 所示编写程序，并设置参数，将灯带中第 1 个 RGB 灯点亮为红色，第 2 个点亮为绿色，第 3 个点亮为蓝色。

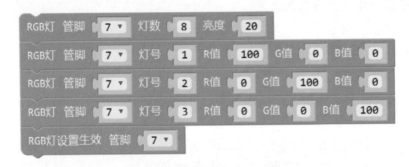

◉ 图 2.1

③ 单击"上传"按钮，将程序上传到实验板，程序运行效果如图 2.2 所示。

◉ 图 2.2

实验5 变色呼吸灯

一、情景导入

"爸爸，彩灯虽然被点亮了，但是我感觉效果比较单调，能不能让它实现一些动态的效果呢？"萌萌问。

"那我们来做一组呼吸灯吧，呼吸灯是指灯光在控制下完成由亮逐渐变到暗或从一种颜色逐渐变化成另一种颜色的过程，就好像呼吸一样平滑自然。制作呼吸灯时要用到循环结构程序。"爸爸说。

二、实验步骤

① 要实现红色逐渐变成蓝色的过程，需要编写带变量的循环结构程序。启动 Mixly 程序，如图 2.3 所示编写程序。在这个程序中，i 的取值从 1 变到 200，R 值取 200-i，逐渐变小，B 值取 i，逐渐变大，显示的效果就是 RGB 灯由红色逐渐变为蓝色。

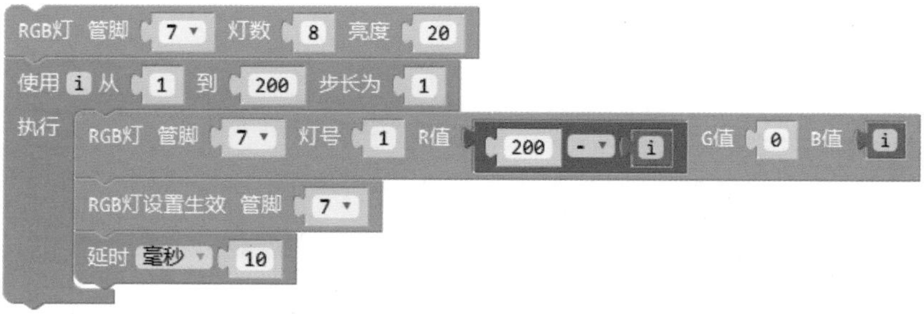

◎ 图 2.3

② 同样地，在图 2.3 所示的程序后面接一段让 R 值逐渐变大，B 值逐渐变小的循环结构程序，就可以实现让蓝灯逐渐变为红灯的效果，程序如图 2.4 所示。

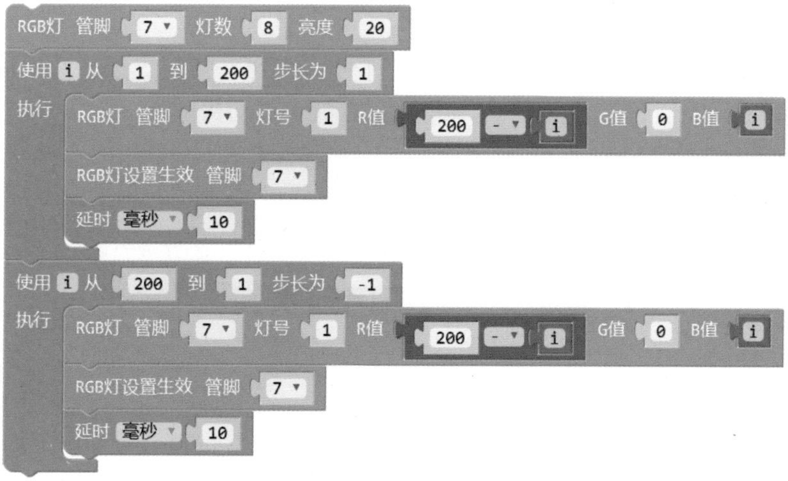

◎ 图 2.4

③ 单击"上传"按钮，将程序上传到实验板，观察灯号为 1 的 RGB 灯是否实现了由红色变为蓝色，再由蓝色变为红色的效果。

实验 6　三色流水灯

一、情景导入

"爸爸，运用了变量与循环结构的程序实现的效果真神奇，那能不能用程序实现同学说的一串彩灯交替亮灭的效果呢？"萌萌问。

"当然可以了。那种效果叫流水灯，是一组灯在控制下按照设定的顺序和时间点亮和熄灭形成的视觉效果。"爸爸说。

二、实验步骤

启动 Mixly 程序，编写如图 2.5 所示的程序，单击"上传"按钮，上传并运行程序，观察效果。

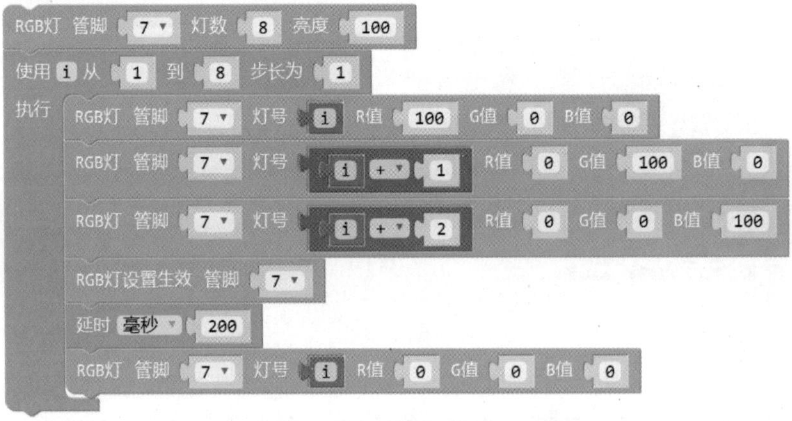

◉ 图 2.5

【实验解释】

① 在循环积木中，利用 i，i+1，i+2 确定灯号，达到点亮红、绿、蓝不同颜色灯的目的。当 i+1 和 i+2 的值超过 8 的时候，所对应的积木自动失效。

② 在下一次执行循环体前，将灯号最小的灯熄灭(把 R、G、B 的值都设置为 0)。

③ 利用循环结构程序使红、绿、蓝灯同时右移动，就形成了彩色流水灯的效果。

实验 7　随机色流水灯

一、情景导入

做好上面这个实验后，爸爸说："我们可以在三色流水灯的基础上，加上颜色的变化，使每一次流水过程中，灯的颜色随机变化一次。"

二、实验步骤

1. 了解相关知识

在随机流水灯中，我们要用到随机数，所谓随机数是指没有规律，不可预测的数。产生随机数需要一个不断变化的数作为随机数的种子，通常用系统运行时间作为随机数种子，如图 2.6 所示。

◎ **图 2.6**

2. 编写程序

启动 Mixly 程序，按图 2.7 所示编写程序，单击"上传"按钮，上传并运行程序，观察效果。

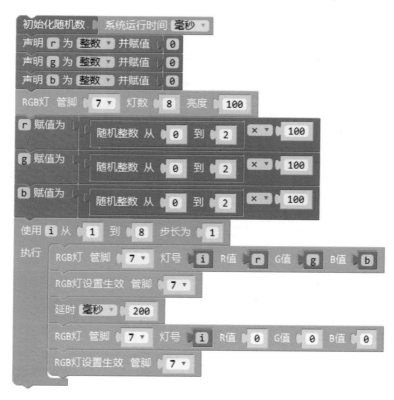

◎ **图 2.7**

【实验解释】

① 为了保证每次循环所用的随机数种子不同，程序中将种子设置为系统运行时间（毫秒）。

② 随机整数 从 0 到 2 积木用来随机产生一个 0 或 1 的数，把它再乘以 100，即可随机产生一个 0 或 100 的数。

③ 每次流水灯开始，会产生 3 个 0 或 100 的随机数当作 RGB 灯的颜色值，这样就可以得到 8 种随机的色彩（黑色也作为其中的一种颜色）。

在实验 7 的基础上，改进几个地方，使显示效果更漂亮：

① RGB 的值可以随机取 0，100，200 这三个数，三种颜色组合后颜色更丰富；

② 增加过滤条件，将 RGB 值都为 0（黑色）的颜色组合忽略掉；

③ 加快循环速度，使显示效果更像霹雳灯。

修改后的程序如图 2.8 所示。

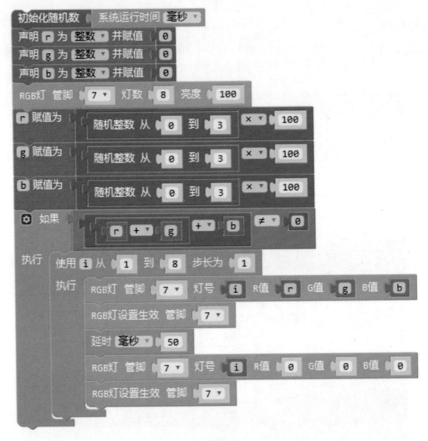

◎ 图 2.8

同学们，你们找到程序中修改的地方了吗？

第 3 节　屏幕创作

1. 掌握 OLED 显示屏的基本编程方法。
2. 掌握在显示屏上显示文本的方法。
3. 掌握在显示屏上显示图形的方法。

实验 8　在显示屏上显示文字

一、情景导入

萌萌做完彩灯试验后，对用实验板学习编程的兴趣大大增加。她好奇地问："爸爸，实验板中间的器件是显示屏吧，这块显示屏能显示什么呢？"爸爸说："可别小瞧这块显示屏，它的功能非常强大。我们先用它来显示你的英文名字吧。"

二、相关知识

① 显示屏也称屏幕，用于显示图像。实验板自带一块 OLED 显示屏（即图 1.7 中的 OLED 屏）。OLED（Organic Light-Emitting Diode）显示屏是目前比较主流的一种显示屏，又称为有机电激光显示屏，它的表面有一层非常薄的有机材料涂层，具有自发光特性，当有电流通过时，这些有机材料就会发光。OLED 显示屏有广视角、功耗低、响应速度快、能够显示彩色等优点，OLED 材料可以自发光，不需要增加背光源，因此可以大大简化工艺，缩减体积，和传统的显示屏相比，OLED 显示屏有无可比拟的优势。

② 分辨率指屏幕显示的像素个数，一个像素就是屏幕上的一个点，屏幕由许多像素组成。实验板 OLED 显示屏的分辨率是 128×64，即 OLED 显示屏的水平方向一行包含 128 个像素，垂直方向一列包含 64 个像素，屏幕上一共有 128×64 个像素。屏幕上的每一个图形实际上由许多小像素点组成，因为每个像素点比较小，所以屏幕上显示的图形看起来是连续完整的。

③ 屏幕坐标系统的原点在它的左上角，横坐标（x 坐标）的值从左向右逐渐增大，纵坐标（y 坐标）的值从上向下逐渐增大。实验板屏幕分辨率为 128×64，所以 x 坐标的取值范围是 0～127，y 坐标的取值范围是 0～63。

【注意】

① 使用实验板上 OLED 屏时不用指定管脚参数。它采用 IIC 接口，占用 Arduino 模块的 A4、A5 管脚。

② 程序中如果使用了 OLED 屏，编译上传程序的过程需要花费较长的时间。

③ 实验板上的 OLED 屏为单色显示屏，不能显示彩色。

三、实验步骤

① 启动 Mixly 程序，从显示类积木里，把 OLED 积木拖到工作区，然后在积木包含的 4 行中，分别填上要显示的内容。需要注意的是，这些内容必须包含在双引号中，内容不能太长，如果某一行不需要显示内容，可以把内容设置为空格，如图 3.1 所示。

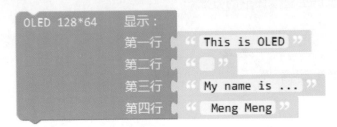

◎ 图 3.1

② 设置完毕，单击"上传"按钮，上传并运行程序，结果如图 3.2 所示。

◎ 图 3.2

【实验解释】

OLED 屏可以显示 4 行文字(英文字符和符号)，因为每个字符或符号所占的宽度不同，每行可以显示 9~14 个字符。

如果想显示比较大的文字，可以使用另一个显示积木设置字符大小，如图 3.3 所示。

◎ 图 3.3

实验 9　画奥运五环标志

一、情景导入

萌萌看到实验板的 OLED 屏显示出自己的英文名字，兴奋地说："爸爸，OLED 屏能显示字母了，还能用它画图吗？"

爸爸说："当然可以，它的图形功能可丰富了，用它能画直线、矩形、圆、圆弧、三角形等，使用这些几何图形，我们就能画出一幅漂亮的图画。"

"好啊，那我得试试了。"萌萌跃跃欲试。

二、实验步骤

① 启动 Mixly 程序，单击界面右上角的"高级视图"按钮，切换到高级视图，可以发现显示器类积木中增加了许多内容。

② 找到 OLED 的绘图类积木，把 OLED 初始化积木和 page 积木拖到工作区中。

③ 拖出 OLED 画矩形积木与 OLED 画圆积木，再复制出 4 个画圆积木。

④ 参考图 3.4 所示，依次对 6 个画图形积木设置相关参数后，放置在 page 积木中。编制完成的程序如图 3.4 所示。

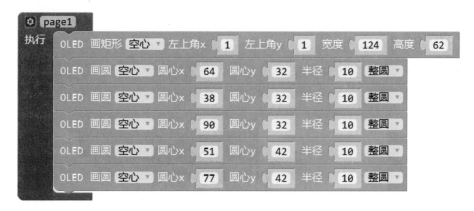

◉ 图 3.4

⑤ 设置完毕，单击"上传"按钮，上传并运行程序，结果如图 3.5 所示。

◎ 图 3.5

【实验解释】

奥运五环标志图中，上面三个圆的圆心在一条水平线上，下面两个圆的圆心在另一条水平线上，相邻两个圆的圆心的距离要小于圆的直径。

实验 10　电子表计时器

一、情景导入

爸爸看到萌萌拿着实验板出神，他问萌萌："你又在想什么啊？"

萌萌说："爸爸，显示英文名字与奥运五环标志的实验结果都是在屏幕上显示静态的内容，也就是说，我在程序里编写了什么内容，屏幕就显示什么内容，能不能在屏幕上显示动态的内容呢？"

爸爸说："当然可以了！这要用变量来控制显示。例如，我们可以制作一个简易电子表，利用 OLED 屏显示 00:00 格式的分和秒，并且按秒计时，每满 60 秒向表示分的位进 1。"

二、实验步骤

启动 Mixly 程序，编写如图 3.6 所示的程序，编写步骤和说明如下。

① 设置变量 s，用来表示秒的值；设置变量 m，用来表示分的值。

② 程序中设置判断积木，判断条件是 s 是否等于 60，并执行响应的操作：当 s 为 60 时，让 s 复位为 0，然后让表示分的变量 m 在现有值的基础上加 1。

③ 在 OLED 屏上，采用较大字体单行显示，将分、冒号、秒的值组合起来显示。

◉ 图 3.6

④ 本程序能初步实现电子表功能，不过显示的分、秒不是固定的 2 位数，不符合电子表的显示样式。因此需要增加两个变量 ss 和 mm，ss 用来存放秒的显示内容，mm 用来存放分的显示内容。用判断积木判断 s 的位数，如果 s 为 1 位数，则在前面补"0"放在 ss 中；对 mm 也一样。最后显示 ss 和 mm，完整的程序如图 3.7 所示。

◉ 图 3.7

⑤ 单击"上传"按钮，上传并运行程序，结果如图3.8所示。

◎ 图3.8

【实验解释】

本实验只是反映计时工作原理，这个程序计时的准确性和计时的功能还很差，要设计一个实用的电子表，所编写的程序比本实验中的程序要复杂得多。

制作带日期显示的电子表

在实验10的基础上继续完善程序，设计制作一个带日期显示的电子表，设计程序的步骤如下。

① 增加年、月、日、时变量，程序如图3.9所示。

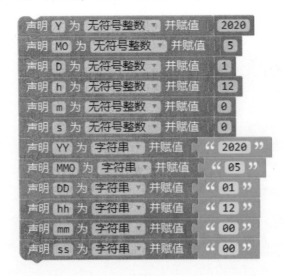

◎ 图3.9

② 完成进位运算，程序如图 3.10 所示；调整显示位数，程序如图 3.11 所示。

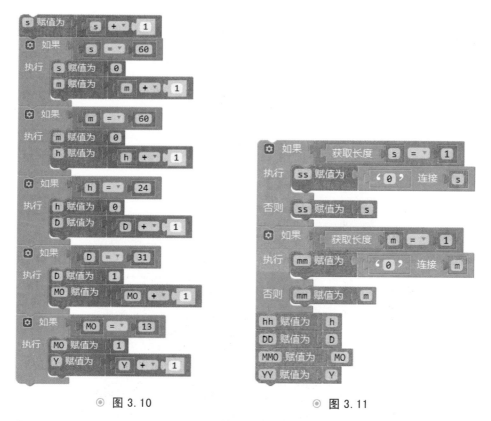

◉ 图 3.10　　　　　　◉ 图 3.11

③ 连接要显示的字符串，并显示字符串，程序如图 3.12 所示。

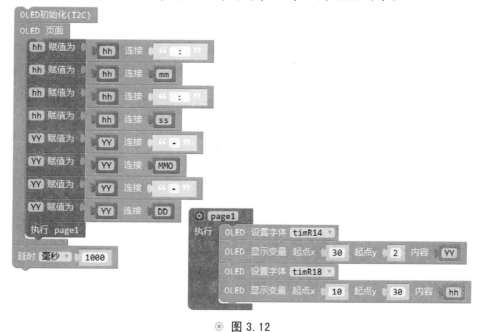

◉ 图 3.12

图 3.12 中包含如图 3.13 所示的程序块，它的作用是在字符串变量 hh 右侧连接另外两个变量，连接完成后，hh 变量的内容变成了 "12:00:00" 的形式。同理，变量 YY 在连接后变成了 "2020-5-1" 的形式。

◎ 图 3.13

上传程序后运行结果如图 3.14 所示。

◎ 图 3.14

本程序中，没有加入校时功能，实验板通电后，日期时间从固定的 "2020-5-1 12:00:00" 开始计时。

第 4 节　感知温度

学习目标

1. 掌握温度传感器的编程方法。
2. 掌握温度传感器和其他积木协调工作的思路。
3. 了解输入设备和输出设备。

实验 11　做个数字温度计

一、情景导入

初秋的气温仍然较高。午后，萌萌边吃着西瓜边嚷嚷："天气还这么热，感觉不舒服啊！"

爸爸问："你知道现在的气温是多少吗？"

萌萌说："这个……我没有温度计啊。"

爸爸说："其实，利用我们的实验板，就可以做一个数字温度计。"

二、相关知识

① 温度传感器指能感知温度并将其转换成可用输出信号的传感器。温度传感器分模拟信号传感器和数字信号传感器。实验板上有一个数字信号温度传感器，它的外观像一只小型三极管，型号是 DS18B20，这个温度传感器体积小，抗干扰能力强，精度高，它的测温范围为-55℃～+125℃。

② 输入设备：对计算机来说，指的是向计算机输入数据和信息的设备，键盘、鼠标、摄像头等都属于输入设备。对实验板来说，温度传感器、红外接收器、按键等也属于输入设备。

③ 输出设备是向外显示结果的设备，显示器、打印机、音箱等属于计算机的输出设备。在实验版中，LED 灯、OLED 屏、蜂鸣器、RGB 彩灯等都是输出设备。

三、实验步骤

① 启动 Mixly 程序，切换到高级视图模式，按照图 4.1 所示编写程序，注意把 DS18B20 积木中的管脚设置为 6。

◎ 图 4.1

② 单击"上传"按钮，上传并运行程序，观察显示效果，如图 4.2 所示。

◉ 图 4.2

实验 12　七彩温度计

一、情景导入

学了温度传感器后，萌萌又想到一个好主意，她问："爸爸，我想出一个主意，咱们做个彩色的温度计，温度越高点亮的彩灯越靠右，怎么样？"

爸爸说："好啊，你想到了用 RGB 灯带是吧？有了以前 RGB 灯带显示的基础，结合温度传感器的应用，我相信你会自己动手做出来的！"

二、实验步骤

启动 Mxily 程序，编写如图 4.3 所示的程序。

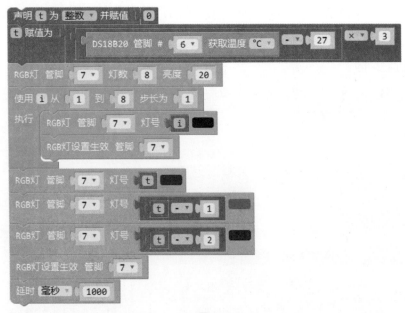

◉ 图 4.3

【实验解释】

① 程序中设置了一个整数变量 t，用来存放要点亮的 RGB 灯的序号。程序设置每 1000 毫秒（1 秒）更新一次温度数据并刷新 RGB 灯的显示情况。

② 用如图 4.4 所示的积木，把获得的温度值转换为从 1 到 8 的整数，这个数将作为点亮 RGB 灯的灯号。即温度越高，点亮的灯越靠右。为了使实验效果明显，可以对温度值预先做一个区间的处理，使用图 4.4 所示的积木可以让大约 27.4～29.8 度的温度对应 1～8 的数值，也就是说，当温度等于 27.4 度时点亮第 1 个灯，温度越高，点亮的灯越靠右，温度上升到 29.8 度时点亮最右边的 3 个灯。

◉ 图 4.4

③ 在刷新 RGB 灯显示状态时，需要先让 8 个灯全部熄灭（把灯的颜色设置为黑色），然后按照对温度计算后的结果，点亮相应位置和数量的 RGB 灯。如果不让灯先全部熄灭，RGB 灯点亮后不会自己熄灭，这样会使后续的实验效果出现混乱。

④ 在第②步中，经过计算，t 已经等于 1～8 的一个数了，这个数也是要点亮的首个 RGB 灯的序号，可以将这个灯点亮为红色，把它左侧的灯按顺序点亮为绿色和蓝色。这样就可以实现了七彩温度计的效果了。

实验 13　简易空调控制器

一、情景导入

"萌萌，咱们家空调怎么停了？"爸爸问。

"哦，温度降下来就自动停了，等等，又是温度……"萌萌若有所思。

"温度控制着制冷器的开关，这不就是空调控制器的原理吗？爸爸，让我用实验板来模拟空调控制器吧！"萌萌又想出一个好主意。

二、实验步骤

1. 设计思路

① 用温度传感器分段控制是否让空调开启吹自然风和制冷器，当温度超过第一个档次（在本实验中设为 28 度）时，空调开启吹自然风；当温度继续升高，达到第二个档次（在本实验中设为 30 度）时，空调开启制冷器，吹冷风。同时把工作状态显示在 OLED 屏上。

② 用蓝灯表示是否开启吹自然风，用红灯表示是否开启制冷器。

2. 编写程序

启动 Mixly 程序，编写如图 4.5 所示的程序。

① 设置 TEMP 变量，用来存放温度值，用 fan 变量表示吹自然风的状态（on 或者 off），用 cool 变量表示制冷器的状态（on 或 off），并显示这两个状态，每 0.5 秒刷新一次显示。

② 设置吹自然风的开启与关闭。当 TEMP 变量获得了温度值后，用它与第一档预设温度比较，当大于等于预设值时，蓝色 LED 灯点亮（表示开启吹自然风），同时设置变量 fan 为"fan on"，反之，当温度不够预设值时，蓝色 LED 灯熄灭，fan 的内容变为"off"。

③ 设置制冷器的开启与关闭。与控制是否吹自然风相同，用红色 LED 灯表示制冷器的状态，用变量 cool 保存制冷器的状态。

④ 当温度比较结束后，OLED 显示屏上分 4 行分别显示"KTKZQ"（空调控制器）、温度值、吹自然风状态、制冷器状态。为了便于在室温环境下观察实验现象，可以适当调整两个温度控制值，使其有明显的反应。

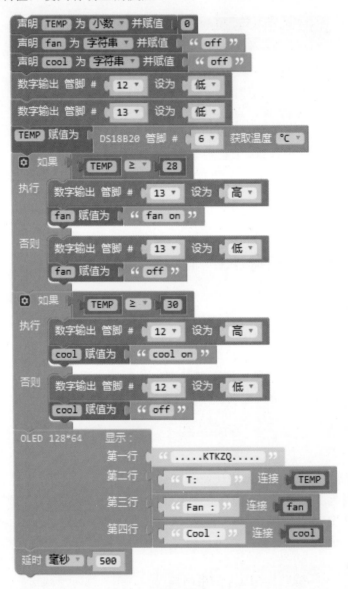

◎ 图 4.5

⑤ 把程序上传到实验板，给温度传感器适当加温（用手捏住温度传感器就行了），观察我们设计的空调控制器是否成功。参考结果如图 4.6 所示。

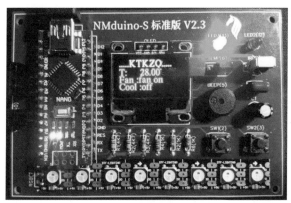

◉ 图 4.6

可报警的精密体温仪

在实验 12 中，我们已经能够测量并显示环境温度了，但是可以发现温度的测量精度只有 0.5 度，也就是说，如果目前温度为 28.00 度，那么只有当温度上升为 28.50 度时，才能使温度传感器产生反应，从 28.00 度到 28.50 度之间的温度值是没法区别的。如果要制作体温计，这个精度显然不够。其实实验板的温度传感器的精度是足够的，只是 Mixly 本身设置了精度限制，我们可以修改参数，提高这个精度值。

【实验步骤】

① 启动 Mixly 程序，编写如图 4.7 所示的程序，这个程序和前面的实验 12 中的程序基本一样，主要的不同点是加入了一个超温度报警的积木。

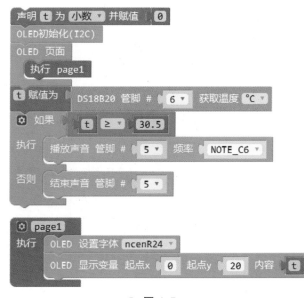

◉ 图 4.7

② 在 Mixly 程序窗口中，单击"代码"标签，图 4.7 所示的程序的 C 语言代码呈现在工作区中，如图 4.8 所示，在其中找到"sensors_6.setResolution(insideThermometer, 9);"这行代码，将数字 9 改为 12，其他部分不动，这样修改后，温度的测量精度将比原来提高 8 倍，可以达到 0.1 度的精度。

```
Mixly 0.999
  模块            代码                          Copyright © 北京师范
20  }
21
22  void page1() {
23    u8g2.setFont(u8g2_font_ncenR24_tf);
24    u8g2.setFontPosTop();
25    u8g2.setCursor(0,20);
26    u8g2.print(t);
27  }
28
29  void setup(){
30    t = 0;
31    u8g2.begin();
32    sensors_6.getAddress(insideThermometer, 0);
33    sensors_6.setResolution(insideThermometer, 9);
34    pinMode(5, OUTPUT);
35    u8g2.enableUTF8Print();
36
37  }
38
39  void loop(){
40    u8g2.firstPage();
41    do
42    {
43    page1();
44    }
45    while (u8g2.nextPage());
46    t = ds18b20_6_getTemp(0);
47    if (t >= 30.5) {
48      tone(5,1047);
49
```

◎ 图 4.8

③ 注意，现在不要返回"模块"标签，直接单击"上传"按钮，上传程序，可以看到 OLED 显示屏显示的温度的精度将大大提高。

④ 用手指捏住温度传感器，当温度超过预设值(本程序中我们预设为 30.5 度，可以自己修改)，蜂鸣器将发出报警声，如图 4.9 所示。

在本实验中，手指的温度要比体温低，所以测得的体温值要比体温低一些。

◎ 图 4.9

第 5 节 音乐之声

学习目标

1. 认识无源蜂鸣器。
2. 了解无源蜂鸣器的发声方法。
3. 掌握音调和音阶的基础知识。
4. 掌握按键的使用。
5. 学会从乐谱生成参数表。

学习过程

实验 14 制作叮咚门铃

一、情景导入

萌萌家要安装一个门铃。

爸爸说:"萌萌,实验板中的蜂鸣器就可以模拟门铃,咱们一起做一个吧。"

"太好了!"萌萌说做就做,她拿出实验板,连接计算机,打开 Mixly 软件,开始了制作叮咚门铃的探索之旅!

二、相关知识

① 实验板上有一个可以发出声音的蜂鸣器。蜂鸣器是一种会发声的电子器件,广泛应用于各种电子产品中。蜂鸣器按驱动方式不同可分为有源蜂鸣器(内含驱动线路,也叫做自激式蜂鸣器)、无源蜂鸣器(从外部驱动,也叫做他激式蜂鸣器),实验板上的蜂鸣器为无源蜂鸣器,可以发出不同音调。

② 音符与声音的频率。我们不管说话还是唱歌都是在发出声音,那么声音是如何产生的呢?蜂鸣器又是如何产生不同音调的呢?声音由物体振动发生,发声的物体叫作声源。物体在一秒钟内振动的次数叫作频率,单位是赫兹。发出声音物体的振动频率不同,发出声音的音调也就不同,通过改变蜂鸣器发出声音的频率,就可以得到不同音调的声音。在 Mixly 软件中,音符、频率与音名的对应关系如表 5.1 所示。

表5.1　音符、频率与音名的对应关系

简谱标记	1	2	3	4	5	6	7
音符	do	re	mi	fa	so	la	si
频率	1046	1175	1318	1370	1568	1760	1976
音名	C6	D6	E6	F6	G6	A6	B6

③ 相关的乐理知识。

简谱标记指的是在音乐简谱中标记音高的 1~7 数字。

音符是上面 1~7 数字对应的 do、re、mi、fa、so、la、si 的音符名称。

频率是各个音符对应的发声频率(每秒振动次数)。

音名是国际上通用的音符的表示方法,用 C、D、E、F、G、A、B 这 7 个字母分别对应 do、re、mi、fa、so、la、si 这 7 个音符,各个字母后面的数字表示第几个音阶,就是俗称的高音区、中音区、低音区等。例如,把第 6 音阶作为中音区的话,音名 A6 就是中音 la,它的发声频率是 1760(赫兹),在简谱中记做 6;音名 A5 就是低音 la,在简谱中记做 6.。

三、实验步骤

1. 测试蜂鸣器发出的不同音调

① 仔细查看实验板蜂鸣器部件(BEEP),它的管脚编号为 5。

② 启动 Mixly 程序,将执行器积木类中的"播放声音"积木拖到工作区,并为其设置为不同的音调。

③ "叮、咚"两个声音,对应的音名分别为 E6 和 C6,可以在"播放声音"积木中选择相应的音名,最终的程序如图 5.1 所示。

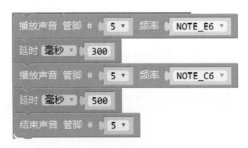

◎ 图 5.1

④ 单击"上传"按钮,把程序上传到实验板,运行程序,检验效果。

2. 用按键模拟按门铃的动作

① 从输入输出积木类中,将"数字输入"积木拖入工作区,因为 SW1 按键的管脚号为 2,所以选择管脚的数字为 2。

② 按键的逻辑关系是按下为低电平,松开为高电平,所以要搭配一个逻辑"非"积木来反转电平。

③ 增加循环结构语句,程序如图 5.2 所示。

◉ 图 5.2

④ 上传程序后，按一下按键 SW1，听听你的叮咚门铃声音如何？

实验 15　播放 do、re、mi、fa、so、la、xi 音符

一、情景导入

萌萌突然有一个灵感，既然实验板的蜂鸣器能模拟叮咚的门铃声，那么蜂鸣器能不能准确地发出 do、re、mi、fa、so、la、xi 的音呢？

中音区的 do、re、mi、fa、so、la、xi 音符分别对应 C6 到 B6 的音调，萌萌认为把从 C6 到 B6 的各个音调都播放一次，后面加 1000 毫秒的延时，就能播放 do、re、mi、fa、so、la、xi 音符了。萌萌沾沾自喜地把自己的实验结果告诉了爸爸，可是爸爸提出一个问题："这只是播放了 7 个音，如果要播放一首歌的话，你的程序要多长啊？"

"那怎么办呢？"萌萌又遇到了难题

爸爸说："除了用字母，我们还可以用频率值直接定义各个音符，然后用一个数组保存这些数值。我们一起来学习这种方法吧。"

二、实验步骤

① 启动 Mixly 程序，从数组积木类中取出一个"创建数组"的积木，将数组的类型设置为"整数"，命名为"tonelist"，数组元素直接取中音区 do、re、mi、fa、so、la、xi 音符的频率值，各个值之间用英文逗号隔开。

② 在循环结构中，利用 tonelist 的第 i 项来取出相应的值并播放，程序如图 5.3 所示。

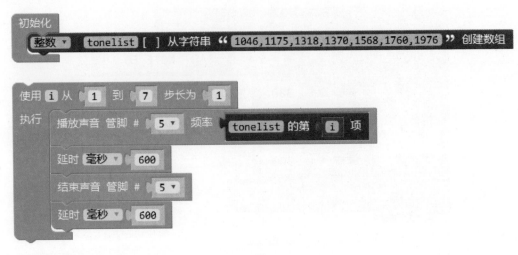

◎ 图 5.3

③ 把程序上传到实验板后，悦耳的 do、re、mi、fa、so、la、xi 就响起来了。

【补充知识】

在程序设计中，把具有相同类型的多个元素按一定次序排列后得到的集合称为数组。可以使用数组积木类中的 整数▼ mylist [ ] 从字符串 " 0,0,0 " 创建数组 积木创建数组，用 mylist 的第 i 项 积木可以将数组中指定的第 i 项（就是数组中的第 i 个数）取出来加以利用，例如本程序中，当循环中执行到 i=7 时，这个积木块将数组中第 7 项 1976 取出给"播放声音"积木播放声音，相当于执行 播放声音 管脚 # 5▼ 频率 1976 积木。

实验 16 播放音乐片段

一、情景导入

"哇，我知道怎么演奏一段乐曲了！"编写了演奏音符的程序后，萌萌豁然开朗。时间不长，一小段"两只老虎"的乐曲从萌萌的实验板中传出。

"你学得这么快，真是太好了！给爸爸展示一下你的程序。"

"好的，其实我就是把刚才的编写的播放音符的程序中记录音符频率数组中的元素，换成了两只老虎的音符频率，然后调整其他参数就行了。"萌萌把她编写的程序（见图 5.4）拿给爸爸看。

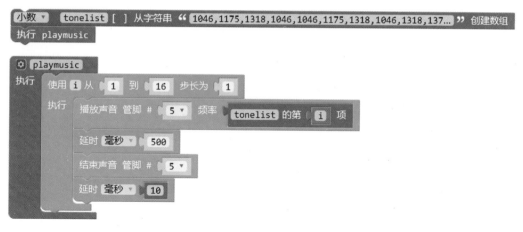

◎ 图 5.4

"你的想法不错，不过你发现什么问题了吗？"爸爸问。

"是啊，我也觉得有什么地方不对劲？输入各个音符的频率花费了我好长的时间呢。"萌萌说。

爸爸说："是的，音符频率数组中有很多重复的值，如果乐曲很长，使用这些重复值既不利于解读程序，也没有体现程序设计的思想。我们一起来改造这个程序吧。"

二、实验步骤

① 启动 Mixly 程序，建立 tonelist 数组，把乐曲中用到的所有音符的频率按顺序列出来，再建立一个 musiclist 数组，用于标记所用到的音符频率在 tonelist 数组的哪个位置上，这部分的程序如图 5.5 所示。

◎ 图 5.5

② 可以用如图 5.6 所示的积木组合演奏一个音符，例如，当 i=4 的时候，musiclist 的第 4 项为 1，tonelist 的第 1 项为 1046，那么最终演奏的是频率为 1046 的音符 C6。

◎ 图 5.6

③ 按第②步中的想法修改图 5.4 所示的程序，结果如图 5.7 所示。

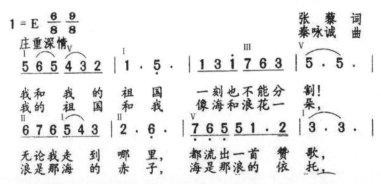

◎ 图 5.7

用实验板演奏"我和我的祖国"歌曲

《我和我的祖国》歌曲如下，编写演奏这支歌曲的程序。

我和我的祖国

1 = E 6/8 9/8

张藜 词
秦咏诚 曲

庄重深情

5 6 5 4 3 2 | 1 · 5 · | 1 3 1 7 6 3 | 5 · 5 · |

我和 我 的 祖 国 　 一刻也不能分 　割！
我的 祖 国 和 我 　 像海和浪花一 　朵；

6 7 6 5 4 3 | 2 · 6 · | 7 6 5 5 1 · 2 | 3 · 3 · |

无论我走 到 哪 里， 都流出一首 赞 歌，
浪是那海 的 赤 子， 海是那浪的 依 托；

对《我和我的祖国》歌曲的前 2 句的音符进行分析并设计程序。

① 仔细观察后可以发现，《我和我的祖国》歌曲前 2 句的音符包含中音区的 7 个音，低音区的 3 个音，高音区的 1 个音，所以可以把 tonelist 数组定义为 G5、A5、B5、C6、D6、E6、F6、G6、A6、B6、C7 这 11 个音符的频率列表。

② 定义一个数组 musiclist 数组存放歌曲中每个音符在 tonelist 数组中的位置。

③ 这支歌曲每个音符演奏的长度不是一个固定的值，所以需要定义一个数组 rhythmlist 存放演奏的长度值。我们把播放一个 8 分音符的时间长度定义为 1，那么播放一个 4 分音符的时间长度就为 2，而播放一个 4 分加附点音符的时间长度为 3。

定义好了以上数组，就可以把歌曲的前 2 句的音符列成表 5.2。

表 5.2　歌曲前 2 句的音符列表

序号	1	2	3	4	5	6	7	8
音名	G5	A5	G5	F5	E5	D5	C5	G4
音长	8分	8分	8分	8分	8分	8分	4分半	4分半
musiclist	8	9	8	7	6	5	4	1
rhythmlist	1	1	1	1	1	1	3	3
序号	9	10	11	12	13	14	15	16
音名	C5	E5	C6	B5	A5	E5	G5	G5
音长	8分	8分	8分	8分	8分	8分	4分半	4分半
musiclist	4	6	11	10	9	6	8	8
rhythmlist	1	1	1	1	1	1	3	3
序号	17	18	19	20	21	22	23	24
音名	A5	B5	A5	G5	F5	E5	D5	A4
音长	8分	8分	8分	8分	8分	8分	4分半	4分半
musiclist	9	10	9	8	7	6	5	2
rhythmlist	1	1	1	1	1	1	3	3
序号	25	26	27	28	29	30	31	32
音名	B4	A4	G4	G5	C5	D5	E5	E5
音长	8分	8分	8分	8分	8分	8分	4分半	4分半
musiclist	3	2	1	8	4	5	6	6
rhythmlist	1	1	1	1	1	1	3	3

注意：前 2 句共 32 个音符，表 5.2 对其中的个别音符做了近似处理。

根据表 5.2，编写如图 5.8 所示的程序。

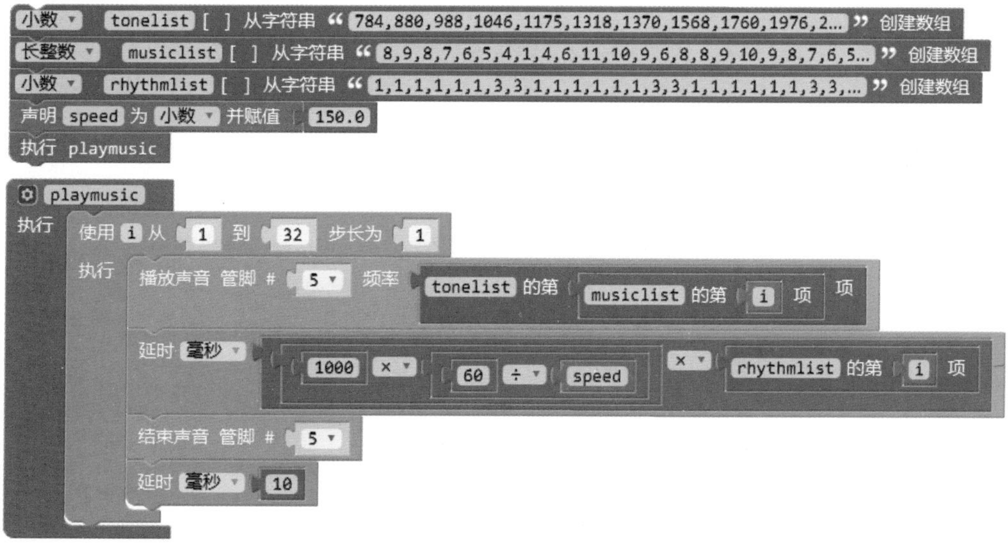

◎ 图 5.8

第 6 节　按键的奥妙

1. 知道按键的作用，掌握按键的使用方法。
2. 掌握中断的工作模式。

实验 17　用按键控制小灯亮灭

一、情景导入

又是一个周末。萌萌盯着上周做好的叮咚门铃程序，沉思着什么。"爸爸，我在想，实验板为什么能知道按键被按下了呢？"

爸爸笑着说："你这个问题问得好，今天我给你讲讲按键的应用。按键是实验板很常见的器件，它属于输入设备。用按键不光能给实验板下指令控制程序运行，也能临时代替传感器给实验板输入传感器信号。"

二、相关知识

实验板上有 SW1、SW2 两个按键，按键有按下和松开两个状态，按键的作用如下。

① 输入信号。对按键进行操作就可以给实验板发出输入信号，通过按下或松开按键，让实验板在得到信号后做出不同的响应。

② 输入电平。实验板的按键在松开状态给实验板输入高电平信号，在按下状态给实验板输入低电平信号。

③ 中断。指计算机或实验板的 CPU 获知某些事件后，暂停正在执行的程序，转去执行处理该事件的程序，当这段事件程序执行完后，再继续执行之前的程序。

三、实验步骤

1. 用按键控制小灯亮灭

用按键控制小灯亮灭实验是让按键按下时小灯点亮，按键松开时小灯熄灭。

① 启动 Mixly 程序。注意，实验板 SW1 按键管脚编号为 2，LED1 小灯的管脚编号

为 13。

② 编写如图 6.1 所示的积木模块。因为按键在按下状态是低电平，而小灯在高电平的状态下才能亮，因此要增加一个逻辑"非"积木来反转电平；同理，按键在松开状态下是高电平，经逻辑"非"积木反转后变为低电平，这个时候让小灯熄灭。

◉ 图 6.1

③ 上传程序观察结果。可以看到，当按下 SW1 按键时，LED1 小灯点亮，当松开 SW1 按键后，小灯熄灭。

2. 延时熄灭小灯

在图 6.1 所示的程序的基础上，可以增加延时积木块，实现小灯延时熄灭的效果。这次我们来点亮 LED2 小灯，LED2 小灯的管脚编号是 12。

① 先增加判断积木来判断按键是否按下。注意判断条件中也需要加逻辑"非"积木，这样在按键按下时判断条件成立。

② 适当调整延时毫秒数，达到理想效果，程序如图 6.2 所示。

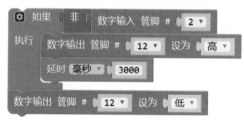

◉ 图 6.2

实验 18 数数公园里有多少人

一、情景导入

星期天，爸爸带萌萌去公园玩，萌萌对公园门口的电子显示屏上显示的在园人数很感兴趣，她问爸爸："公园里在园人数是怎么统计出来的？是公园门口的工作人员一个个数出来的吗？"

爸爸哈哈笑着说："当然不是。如果在公园的入口与出口各放一个感应器，每通过一个人就加 1，你觉得它能实现什么功能呢？"

萌萌想了想说："可以记录入园的人数与出园的人数，两者的差值就是在园的人数。"

爸爸说："对啊，就是这个道理。其实，咱们可以用刚学到的按键功能做一个这样的感应器。一般情况下，按键的作用并不是直接去控制 LED 灯之类的输出器件，它更多的作用是控制变量，然后对变量进行运算，实现更复杂的功能。"

二、相关知识

用 SW1 按键模拟入园感应器，用 SW2 按键模拟出园感应器。每当它们被按下一次时，表示相应的感应器被触发一次。

为了及时捕获比较短暂的按键信号，不因为正在运行的程序的运行周期长而漏掉按键信号，可以在程序中设置按键中断模块。中断模块的运行过程是：无论当前正在运行的程序运行到什么地方(比如程序正在刷新 OLED 屏的显示，一次完整的显示过程大约需要 50 毫秒以上的时间)，只要检测到管脚 2 有上升沿(SW1 按键放开瞬间)，程序就暂停原来的工作，先去处理中断模块里的程序，等中断模块程序运行完毕，再返回去接着运行刚才的程序。

三、实验步骤

① 启动 Mixly 程序，按照图 6.3 所示编写程序。

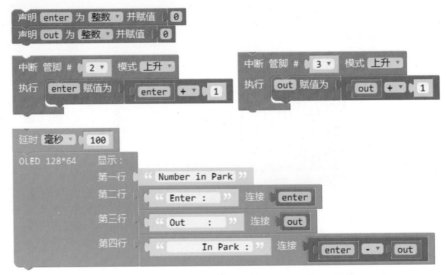

◎ 图 6.3

② 将程序上传到实验板，分别按两个按键，查看结果，如图 6.4 所示。

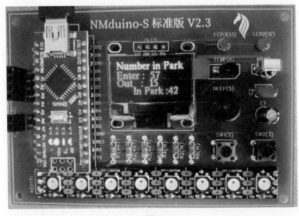

◎ 图 6.4

【实验解释】

① 在程序中设置两个变量 enter 和 out,分别用来保存进入公园的人数(SW1 按键按下的次数)和走出公园的人数(SW2 按键按下的次数),在按键中断积木块中改变这两个变量的值达到计数的目的。

② 把变量 enter 和 out 的值,以及 enter-out 的值显示在 OLED 屏上。

【补充知识】

数字电路中,数字电平从低电平(数字 0)变为高电平(数字 1)的一瞬间(时刻)叫作上升沿;数字电平从高电平(数字 1)变为低电平(数字 0)的一瞬间(时刻)叫作下降沿,如图 6.5 所示。

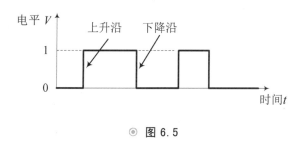

◎ 图 6.5

实验 19 二人抢答器

一、情景导入

萌萌在看最喜欢的《诗词大会》节目,在看到擂主争霸环节时突然说:"爸爸,我知道了,抢答器也是用按键功能实现的。"

爸爸高兴地说:"萌萌,你真善于思考。2 人抢答器确实使用了按键的中断功能。"

萌萌疑惑地问:"那怎样实现呢?"

爸爸说:"萌萌,你想啊,两个人要按键抢答的话,是不是要看谁先按下按键?这里面有几个要点:第一,程序对这两个按键的动作都要在第一时间处理,不能漏掉任何一个,所以两个按键的状态发生改变时都要调用中断程序;第二,要判断按键的按下瞬间,而不是放开瞬间,所以要用下降沿触发中断;第三,只要得到一个结果,就不再接受按键动作。"

"太有意思了,爸爸咱们马上动手,模拟一个二人抢答器吧。"

二、实验步骤

① 启动 Mixly 程序,编写如图 6.6 所示的程序。

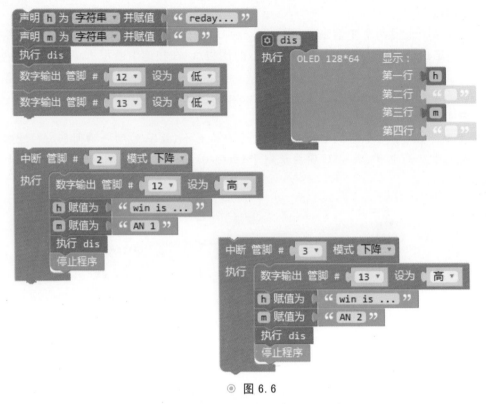

◉ 图 6.6

② 上传程序，运行结果如图 6.7 所示。在某次按键后，如果要再次运行程序，需要按下实验板的复位键。

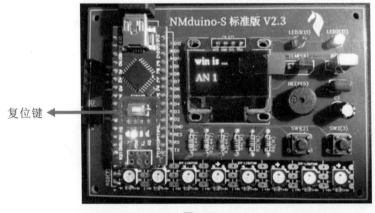

复位键 ←

◉ 图 6.7

【实验解释】

① 程序中声明了一个 h 字符串型变量，初始值设置为 "ready…"；又声明了一个 m 字符串型变量，初始值设置为空。

② dis 是一个子函数，用于在显示屏上显示变量 h 和 m 的内容。

③ 实验板的两个按键 SW1、SW2 均为中断管脚，按键按下为低电平，所以按下瞬间为下降沿，可以实现中断程序。只要有一个键按下，在中断程序调用 dis 子函数显示

结果后的"停止运行"积木可以防止再次触发按键中断程序。

④ 中断程序让 h 字符串变量的值变为"win is…"，m 变量的值则变为中断管脚号。

⑤ 本程序是一个简化的抢答器程序，运行本程序，谁先按下按键就表示谁赢。

一些公园、旅游景点等公共场所在特殊时期会对游客人数做出限制，例如当游客人数达到最大容纳数时会报警，并禁止游客进入。"数数公园里有多少人"程序只统计进出的人数和显示在公园里的人数，我们可以进一步改进这个程序，增加报警和控制功能。

改进后的程序如图 6.8 所示，程序运行效果如图 6.9 所示

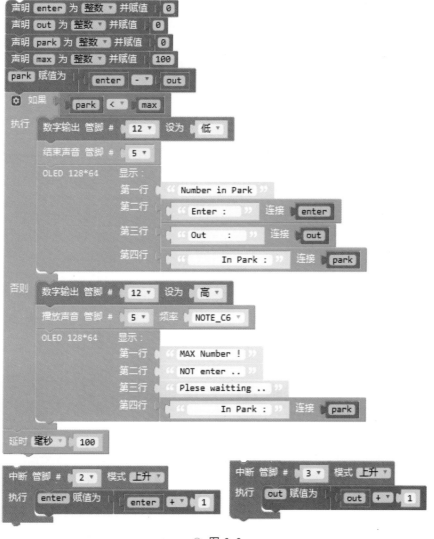

◎ 图 6.8

【实验解释】

① 变量 park 中存放公园内实际人数，变量 max 用来存放限制的人数。本程序中假设公园最大容纳人数为 100 人，因此把变量 max 的值设置为 100。

② 程序中判断 prak 是否达到 max，当达到时，用显示屏显示警告内容，同时蜂鸣器响起，代表道闸开关的红色 LED 亮起（表示道闸关闭）。

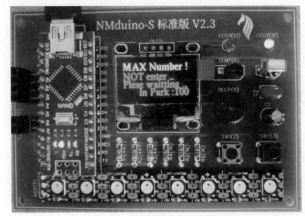

◎ 图 6.9

第 7 节　超声与红外

1. 学会超声测距传感模块和红外接收器的使用方法。
2. 掌握串口监视器的应用和遥控器编码键值的获得方法。
3. 掌握 switch 程序结构。
4. 了解模拟信号的相关知识。

实验 20　超声测距

一、情景导入

星期天，爸爸带萌萌去买汽车，萌萌对卖车叔叔演示的自动刹车防碰撞功能很感兴趣。爸爸告诉萌萌，这并不是一个特别复杂的技术，用超声测距传感器就能实现。实验板就可以外接这样的超声测距器传感器。

二、相关知识

超声测距传感器是用来测量距离的一种电子器件，它通过发送和接收反射回来的超声波，利用时间差和声音传播速度，计算出传感器到前方障碍物的距离。实验板上的超声测距传感器安装在超声测距传感模块上，超声测距传感模块是一个独立模块，使用时插入实验板左侧的 4 脚插座，注意超声头向外。虽然超声测距传感模块的电路比较复杂，但是它在实验板中的使用却很简单。

实验板中超声测距传感模块的管脚为：Trig——8，Echo——9。

使用超声测距传感模块，可以直接获取前方障碍物的距离，单位是厘米。我们可以把这个值传递给一个变量，在 OLED 屏显示这个值的同时，判断这个距离值，当其小于 20 厘米时，蜂鸣器响起，起到距离过近的警报作用。

三、实验步骤

① 启动 Mixly 程序，编写如图 7.1 所示的程序。

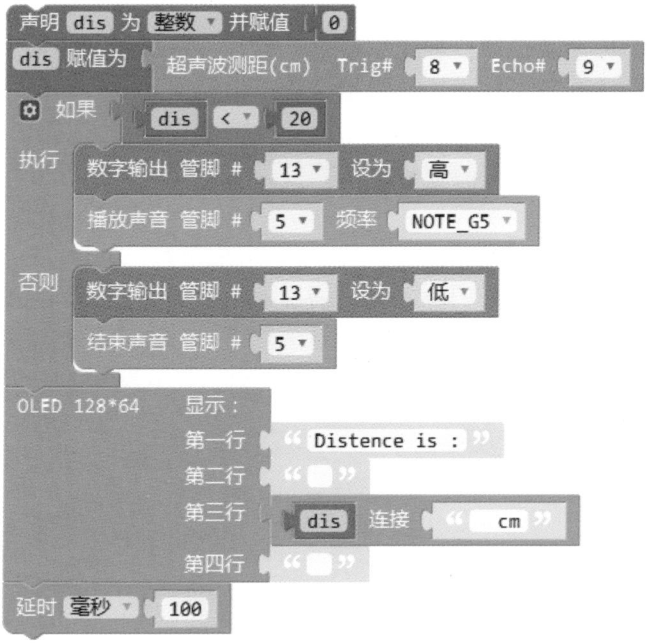

◎ 图 7.1

② 将程序上传至实验板，程序运行结果如图 7.2 所示。运行程序过程中，移动超声测距传感模块正前方的障碍物，看看屏幕显示的值是否准确？当距离小于 20 厘米时，报警声是否响起？

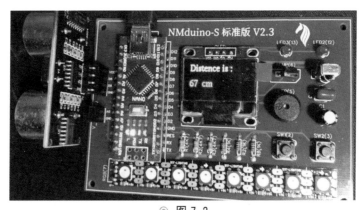

◎ 图 7.2

实验21 接收红外遥控信号

一、情景导入

一天，萌萌在用电视遥控器操作电视时对爸爸说："爸爸，电视遥控器和电视没有连接，它是怎么给电视传递信号的呢？"

爸爸说："电视遥控器用红外线给电视传递信号，用红外线传递信号的设备很多，除了电视遥控器外，网络机顶盒遥控器、空调遥控器等也都是用红外线传递信号的。我们的实验板也可以接收红外线信号。"

"太好了，爸爸。咱们用实验板来完成一个接收红外线遥控的实验吧。"萌萌欢快地说。

二、相关知识

红外线遥控是一种无线、非接触控制技术，具有抗干扰能力强，信息传输可靠、功耗低、成本低、易实现等显著优点，已经越来越多地应用到电子产品中。

红外接收器可以接收红外发射器发射的红外线信号（以下简称为红外信号），并将它转换、解码为相应的电信号。实验板可以接收红外遥控器发射的红外线遥控信号并进行解码，用来控制灯光与屏幕显示等。

串口监视器（见图7.3）窗口是可以用来显示串口通信数据的一个窗口。通过串口监视器窗口可以查看串口通道上信号的输入输出情况，串口监视器窗口一般用来调试程序。单击Mixly程序界面中的"串口监视器"按钮，就可以打开串口监视器窗口。

◎ 图 7.3

三、实验步骤

1. 用串口监视器窗口显示按键值

① 连接实验板，启动Mixly程序，红外接收器在实验板上的管脚号为10，在通信

模块类中找到"红外接收"积木，该积木可以分别设置接收到红外信号与未接收到红外信号的状态，当接收到红外信号时，该积木可以将遥控器的按键码在串口监视器窗口中显示出来，如图 7.4 所示，这个功能很有用，可以利用它来调试程序。

◎ 图 7.4

② 按照图 7.5 所示编写程序。运行该程序时，当接收到有效的红外信号时，会点亮 LED1 灯，同时，在计算机串口监视器窗口中可以看到解码出来的键值。

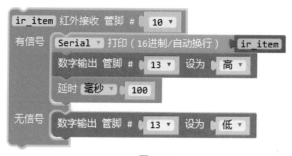

◎ 图 7.5

③ 编完程序后，单击"上传"按钮，观察程序的运行情况。找一个家用电视遥控器，对准实验板上的红外接收器按任意一个键，会看到实验板蓝色小灯闪烁。

④ 打开串口监视器窗口，可以看到所按的键对应的键值。如图 7.6 所示，图中的 FF22DD 就是遥控器向左键的按键码(依据所用遥控器不同，这四个按键的按键码的值可能不同)，同理，其他 3 个值分别是向右、下、上键的按键码，把它们记录下来备用。

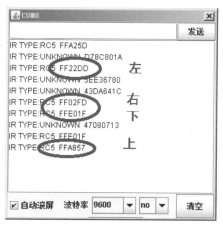

◎ 图 7.6

2. 用红外遥控器控制 RGB 彩灯

有了以上接收红外遥控信号与获得键值的基础知识后，就可以编写程序，利用不同的遥控器上的按键实现不同的功能。可以用遥控器的向上、下、左、右四个键，控制实验板上 RGB 彩灯分别向左、右循环移动闪亮和实现亮度变化，程序设计思路如下。

设置变量 n 为要点亮的彩灯位置，用红外遥控器的向左、右键控制 n 的数值，按向左键时，让 RGB 灯向左循环点亮，按向右键时，让 RGB 灯向右循环点亮。

设置变量 b 为彩灯亮度，用向上、下键控制 b 的值以 20 的步长增加或减少，当 b<30 时，按向下键，b 值将不再减少；当 b>250 时，按向上键，b 值将不再增加。

3. 编写程序

启动 Mixly 程序，按图 7.7 所示编写程序。

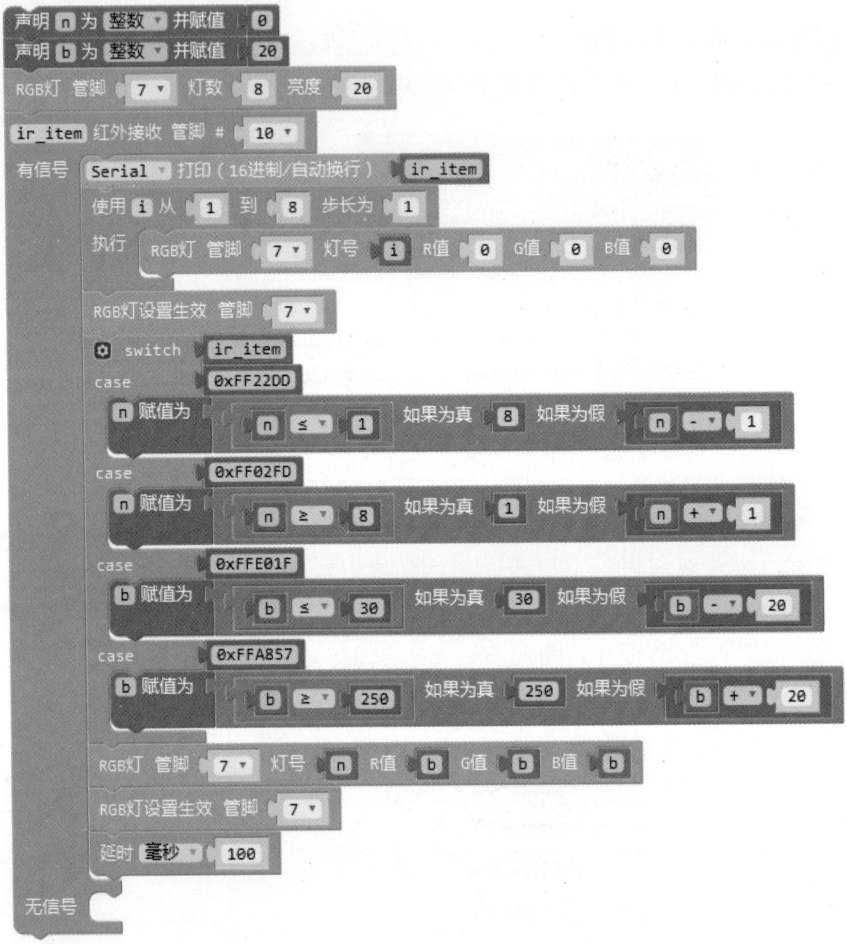

◉ 图 7.7

【实验解释】

① 本实验的程序中用到 switch-case 程序结构，这是一个多分支选择结构。在 switch 积木中，单击蓝色⚙按钮，会出现如图 7.8 的左图所示的提示框，将 case 积木拖到 switch 积木里（见图 7.8 的中图），就可以扩展 switch-case 积木（见图 7.8 的右图），case 积木越多，选择的分支也就越多。

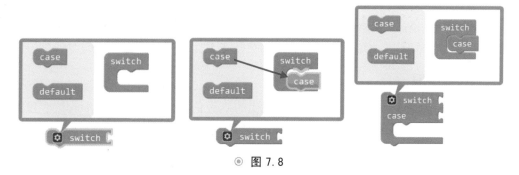

◉ 图 7.8

② 在 case 积木块的条件中，将值修改为上例中记录下来的实际键值，0xFF22DD
就是上一步实验中记录下来的按键值，在该值前面要加 0x 符号，表示它是一个十六进制
的数，如图 7.9 所示。

◉ 图 7.9

图 7.9 所示的积木块的功能是：当按键码 ir_item 等于 0xFF22DD 时（表示按下了向
左键），n 的值将会从 8 逐次减小到 1，然后回到 8，循环进行，这个 n 值将会作为 RGB
灯带点亮的灯序号在后面的程序中使用。

③ 同理，图 7.10 所示的程序表示当按键码 ir_item 等于 0xFFE01F 时（按下的是向下
键），b 的值将会减小，当达到 30 后，再按这个向下键，b 值将不会变化。这个 b 值将作
为 RGB 灯带的亮度，在后面的程序中使用。

◉ 图 7.10

将程序上传到实验板，即可用遥控器的向左、右、上、下键控制 RGB 灯左、右移
动闪亮和灯的亮度。

注意，在 Mixly 程序中，红外模块库和声音模块库有冲突，不能同时使用。

实验 22　制作简易电压表

一、情景导入

这天，萌萌拿着电视遥控器来找爸爸。原来她在做遥控器控制彩灯实验时发现遥控
器不灵敏了，信号时有时无。

爸爸说："可能是遥控器内部电池的电量不够了。"

萌萌问："那怎么才能知道电池有没有电了呢？"

爸爸说："我们可以用实验板做一个简易电压表来测量电池的电压。"

萌萌睁大眼睛说："太神奇了，实验板还能当电压表用？"

爸爸说："当然可以，实验板有测量模拟电压的功能，我们可以试试。"

二、相关知识

① 数字量：在时间和数值上都是断续变化的离散信号。计算机最基本的数字量就是 0 和 1，反映到实物上就是小灯的灭和亮、按键的按下和松开等。

② 模拟量：是连续变化的量，如电压、声音信号、光照度等都是模拟量。

实验板上的 A0～A7 管脚可以输入模拟信号，用它们可以输入 0～5V 的电压，转换后输出 0～1023 的数值。

用实验板做电压表其实是对模拟输入的最简单且最基本的应用。

三、实验步骤

启动 Mixly 程序，按图 7.11 所示编写程序。

◎ 图 7.11

【实验解释】

① 程序中，"模拟输入"积木采集 A0 管脚的模拟输入信号后，将 0～5V 的电压值转换为 0～1023 的数值，将转换后的数值乘以 5000，再除以 1023，进一步转换为 0～5000 的值，当作电压的毫伏值输出给 OLED 屏。

② 从实验板的 2 管脚插孔 V-TEST 口，连接 2 根导线出来，将它们连接到 1 节或 2 节电池上，如图 7.12 所示，观察 OLED 屏上显示的电压值（单位毫伏）。注意：电压输入的正负极性不可以搞错，所测电压不能超过 5V。

◎ 图 7.12

③ 在老师指导下，可以接个 1 千欧姆的电位器，将电源电压分压出来做输入，观察电压连续变动情况，电路连接如图 7.13 所示。

◉ 图 7.13

我们可以在实验 20 的基础上，设计变声调的距离报警，距离越大，蜂鸣器声音频率越低，声音越低沉；距离越小，蜂鸣器声音频率越高，声音越尖锐，程序如图 7.14 所示。

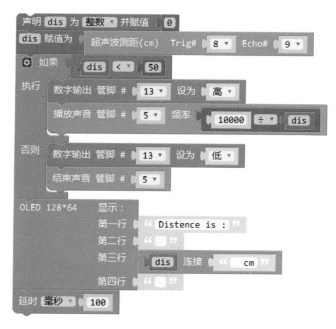

◉ 图 7.14

图 7.14 所示的程序中，对距离变量 dis 进行了运算，将 (10000/dis) 作为蜂鸣器发声的频率，dis 越大该频率越小，dis 越小该频率越大。

第 8 节　让实验板与手机连接

学习目标

1. 掌握蓝牙模块的基本使用方法。
2. 掌握 NMduino 实验板和 App Inventor 互动编程方法。
3. 了解讯飞语音输入法的相关设置。
4. 了解 NMduino-E 实验板。

学习过程

实验 23　用语音控制灯的开关

一、情景导入

又是一个周六。萌萌做完作业后准备外出玩耍。

"萌萌，今天怎么不做实验了？"爸爸问道。

"爸爸，实验板的基本实验我都做完了，我正琢磨它能和手机连接吗？如果不能，我就要去买一块更高级的实验板了！"

爸爸竖起大拇指："好啊，我就知道你对知识的渴求永远不会满足。来，今天咱们就利用手机结合实验板做个蓝牙语音遥控灯。"

"那手机端用什么程序呢？有点搞不懂。"萌萌疑惑地说。

爸爸说："你前些日子不是学过 App Inventor 吗？用它编程序呀！"

"哦，原来如此！实验板和 App Inventor 可以完美结合啊！"萌萌恍然大悟。

二、相关知识

蓝牙模块：蓝牙是一种无线数据传输标准。HC-06 是现在使用得较多的蓝牙模块。蓝牙模块可以将来自串口的数据转换成蓝牙无线数据，与配对成功的蓝牙设备（一般是智能手机）传输数据，实现无线传输数据的功能。所以在硬件连接上，蓝牙模块的 TXD、RXD 引脚要连接实验板的串口端，实验板对手机的数据进行交换，实际上就是在对串口端进行数据交换。

语音识别：语音识别技术就是让机器通过识别和理解，把语音信号转变为相应的文本或命令的技术，语音识别是人工智能的一种应用。

软串口：软串口是软件模拟串口的简称。NMduino 系列实验板只有一个串口(俗称硬串口)，这个串口一般在程序运行过程中当作串口监视器，用来查看数据，调试程序，如果要用另外的串口，可以在软件中将实验板的 2 个管脚设置为软串口来使用。在NMduino-E 实验板中，蓝牙接口接在 D8、D9 组成的软串口接口上。

NMduino-E(增强版)实验板：是 NMduino-S(标准版)实验板的升级版本，该板上额外增加了所有管脚资源的扩展端口，并有蓝牙模块专用插座——BT 插座(见图 8.1)，方便我们直接使用蓝牙模块。

◎ 图 8.1

如果使用 NMduino-S(标准版)实验板，需要用 4 芯杜邦线连接蓝牙模块和超声波插座(CS 插座)，连接线序为(蓝牙端——CS 接口端)：VCC——VCC，GND——GND，TXD——D8，RXD——D9。

三、实验步骤

1. 硬件连接

将 HC-06 蓝牙模块插在 NMduino-E 实验板的 BT 插口上，插入时要注意方向，蓝牙模块与实验板的连接如图 8.2 所示。

◎ 图 8.2

2. 编写程序

① 连接实验板。启动 Mixly 程序，编写如图 8.3 所示的程序，进行初始化设置：一方面初始化串口便于调试数据，另一方面要定义软串口，用于蓝牙模块的数据连接，用软件将 8,9 号引脚模拟成串口使用，软串口和实验板自带的串口(即硬串口)的用法一样，但是需要提前用 SofewareSerial 初始化。

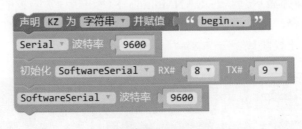

◉ 图 8.3

② 编写如图 8.4 所示的程序，判断软串口是否收到数据，如果收到数据，判断是什么数据，从而执行相应的操作。比如收到了 "R_ON" 字符串，则程序会点亮红色 LED 灯(管脚号为 11)。以此类推，为了方便调试程序，软串口在收到数据的同时，将收到的内容送到硬串口，必要时可以打开串口监视器进行数据监测。

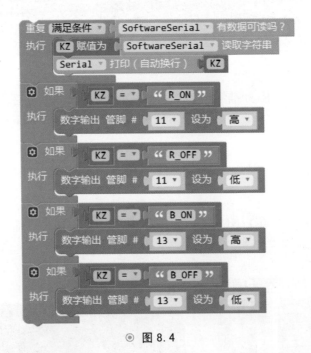

◉ 图 8.4

③ 在如图 8.4 所示的程序下面再拼接一个如图 8.5 所示的 OLED 屏显示积木，将接收的命令字符串显示在 OLED 屏上。

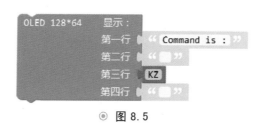

◉ 图 8.5

【实验解释】

图 8.4 和图 8.5 所示的程序的功能是：将连接在软串口的蓝牙模块接收到的字符串送到 OLED 屏和串口监视器显示，与此同时，根据字符串内容，驱动红色或蓝色 LED 灯做出相应的反应。

3. App Inventor 端编程

① 启动 App Inventor，建立一个新项目，在屏幕上放置 1 个"发送框"组件用来存放要发送的文字内容，放置若干"标签"组件用来显示各个参数，放置几个"按钮"组件用来连接蓝牙。具体组件构成如图 8.6 所示，用到的组件列表如图 8.7 所示。

◉ 图 8.6   ◉ 图 8.7

②"蓝牙客户端 1"组件与"计时器 1"组件是两个不可见组件，如图 8.8 所示。将"计时器 1"组件的计时间隔设为 200（单位是毫秒）。

◉ 图 8.8

0

③ 在 App Inventor 的逻辑设计中，先定义全局变量、字典等，如图 8.9 所示。在这里使用了一个字典模块，可以按照字典内容格式方便地自行扩充字典中的元素。

◎ 图 8.9

④ 设置各个"按钮"组件和"发送框"组件的状态，如图 8.10 所示。

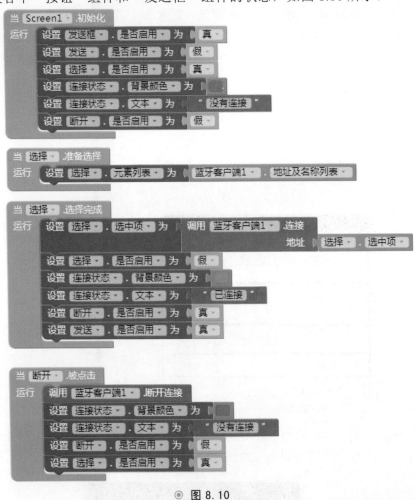

◎ 图 8.10

⑤ 编写如图 8.11 所示的程序，定义一个"转换"函数，这是程序的关键部分。它的功能是把对"发送框"组件中语音识别的结果转换成符合规则要求的命令控制字符串，把这个符合规则的字符串通过蓝牙发送给实验板进行解码和控制。例如，识别结果如果

是"红灯开启。"（注意在 4 个汉字后面会自动加上句号。）经过"转换"函数处理后，全局变量 ml 得到的结果是"R_ON"。

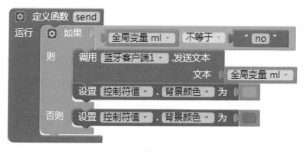

◉ 图 8.11

⑥ 编写如图 8.12 所示的程序，定义一个"send"函数，用来给蓝牙发送数据。

◉ 图 8.12

⑦ 编写如图 8.13 所示的程序，设置"计时器 1"组件定时执行的动作：当检测到"发送框"组件中包含句号、逗号、问号中的任一符号（表示语音识别结束）时，就用"转换"函数处理"发送框"组件中的内容，然后用"send"函数把它发送给蓝牙，也可以手动执行"send"函数。

◉ 图 8.13

编写好 App Inventor 端程序后，需要下载并安装到安卓手机上，这时不能使用手机伴侣测试。

【实验解释】

运行程序时，接收数据的手机必须打开蓝牙并与插在实验板上的蓝牙模块匹配成功后，才能使用相应的功能。

黄色"发送框"组件中的内容，是经过语音识别的语音命令，格式是 4 个汉字+1 个标点符号(句号、逗号或问号)。如果语音识别得到结果不是以上格式，表示本次语音识别无效，后面的程序将不会对其进行转换和解码发送。本程序中，语音命令必须严格按图 8.9 所示的字典中的内容说出，否则不会识别。比如要点亮红灯，必须发出语音"红灯开启"，而不能用"打开红灯"来控制。如需增加同义词进行控制，可以在字典里增加相应的条目。

在"转换"函数模块中，判断"发送框"组件中的字符，如果字符长度等于 5(1 个汉字当作 1 个字符处理)，则取这 5 个字符的前 4 个，等于把标点符号去掉，然后去查字典，转换成对应的命令字符串。如果语音识别无效，"send"模块不发送此次命令。

在"计时器 1"积木中，每隔 200 毫秒，检查一次"发送框"组件中是否有句号、逗号或问号，如果有，则进行转换处理，然后发送，发送结束后清除"发送框"组件中的内容，为下一次发送做准备。

4. 设置讯飞输入法

以上 App Inventor 的"发送框"组件中的汉字，其实是语音识别的结果。在这里，我们利用讯飞输入法的语音识别功能，为此要进行适当的设置，步骤如下。

① 将讯飞输入法安装到手机上。

② 打开讯飞输入法的设置功能，进入"语音设置"项。设置"说话结束等待时间"项为 1 秒，设置"识别结果上屏方式"项为"说话过程中上屏"，设置"智能添加标点"项为"句中句尾均添加标点"，如图 8.14 所示。

◉ 图 8.14

【实验解释】

在设置了讯飞输入法后，我们就可以点击"发送框"组件并说出语音命令，比如说"蓝灯关闭"，经语音识别后会自动在后面加上标点符号，变成"蓝灯关闭。"经程序解析后，通过蓝牙发送出"B_OFF"命令，NMduino 实验板接收到命令后，执行蓝灯关闭命令。

5. 实验验证

① 将程序上传到实验板，在手机中安装上面编写的 App 和讯飞语音输入法，进行相应的设置。

② 在手机上打开蓝牙并搜索名称为 HC-06 的蓝牙设备，点击配对。需要输入 1234 或 0000 的配对码，确保配对成功。

③ 在手机上启动 App，点击"选择蓝牙设备"，打开列表，列表中的设备是已经配对成功的设备列表。点击"HC-06"项，片刻显示连接成功。

④ 点击黄色的"发送框"组件，在下方键盘区点击语音输入图标(麦克风图标)，这时如果说出"蓝灯开启"语音命令，程序会自动识别并发送命令，实验板的蓝色 LED 灯将会点亮；如果继续说出"红灯开启"语音命令，实验板的红色 LED 灯也将会点亮。

⑤ 在 App 界面中会显示识别到的语音命令以及发送的命令字符。在 Mixly 程序中打开串口监视器会看到串口收到的命令。

程序运行结果如图 8.15 所示。

◎ 图 8.15

通过以上实验，我们已经能够用语音控制实验板的 LED 灯了，那么如何用语音控制实验板的蜂鸣器发出响声呢？

要达到这一目的，需要在 Mixly 程序和 App Inventor 端对程序进行一些修改。

1. 修改 App Inventor 端程序

增加程序中字典的条目，其他部分不动，如图 8.16 所示。

◉ 图 8.16

2. 修改 Mixly 端程序

在 Mixly 端程序增加对蜂鸣器的控制代码，其他部分不动，如图 8.17 所示。

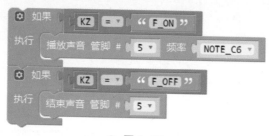

◉ 图 8.17

第 9 节　物联网应用开发

学习目标

1. 了解物联网的基本知识。

2. 掌握 Blynk 平台的设备端编程方法。

3. 掌握 Blynk 平台的 App 端操作。

4. 了解 NMduino for Mixly 插件。

5. 了解 NMduino-IOT 实验板。

实验 24　用实验板控制电灯

一、情景导入

一天，萌萌放学后，充满求知欲地对爸爸说："爸爸，今天信息技术老师给我们讲了物联网的概念。咱们家有用到物联网的设备吗？"

爸爸说："我们那天做的蓝牙声控灯的实验就是一个简单的物联网实例。我们还可以用物联网控制咱们家的电灯呢。"

"太有意思了，咱们赶紧做这个实验吧。"萌萌兴奋地说。

二、相关知识

物联网（The Internet of Things，简称 IOT）是指通过信息传感器、射频识别技术、全球定位系统、红外感应器、激光扫描器等各种装置与技术，实时采集任何需要监控、连接、互动的物体或过程，采集其声、光、热、电、力学、化学、生物、位置等各种需要的信息，通过各类可能的网络接收信息，实现物与物、物与人的广泛连接，达到对物品和过程的智能化感知、识别和管理。物联网是一个基于互联网、传统电信网等的信息承载体，它让所有能够被独立寻址的普通物理对象形成互联互通的网络。

Blynk 平台：一个使用简便、功能强大的物联网应用平台。带有 iOS 和 Android 的应用程序，可以通过互联网控制各类实验板。使用 Blynk 平台的过程中只需拖放小部件，就可以轻松地为有关项目构建图形界面。

NMduino-IOT 实验板（见图 9.1）：NMduino 系列实验板的物联网实验板，它是基于 Arduino MEGA2560 处理器的实验板，板载 Wi-Fi 模块用于联网。

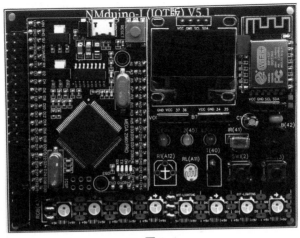

◉ 图 9.1

NMduino for Mixly 插件：对 NMduino-IOT 实验板进行 Blynk 编程时，需要安装 NMduino for Mixly 插件。为了安装这个插件，可以从下面的网址下载 Mixly 软件：

http://res.bt.nmgjyyun.cn//getResDetailInfo.htm?contentId=f998761e94424917a7bc6bce 87a464a5&fromPage=myPubshare

这个软件已经包含了 Blynk 运行时必须的 NMduino for Mixly 插件，如图 9.2 所示。

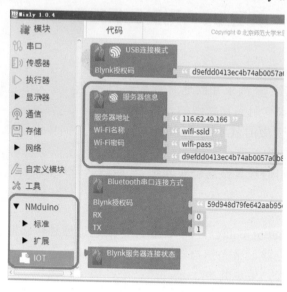

◉ 图 9.2

注意：在计算机连接 NMduino-IOT 实验板时，计算机会自动产生连接实验板的串口端口号，记下这个端口号，并将主控芯片型号选择为 atmega2560，如图 9.3 所示。

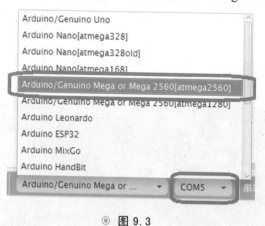

◉ 图 9.3

三、实验步骤

1. 安装并设置 Blynk App

① 安卓用户下载 Blynk App 的地址为：http://dl.ruilongmaker.cc/Blynk_Latest.apk。iOS 用户可以在 App Store 中搜索 Blynk。

② 安装好 Blynk App 后启动它，点击"Create New Account"（注册新用户）图标，

再点击"设置"图标 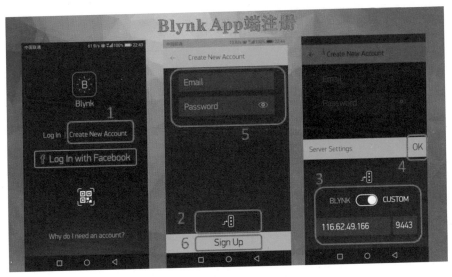，打开"CUSTOM"（定制）开关，在文本框中输入国内服务器的地址：116.62.49.166，端口输入 9443，然后点击"OK"按钮返回注册页面。在注册页面填写自己的邮箱和密码，然后点击"Sign Up"按钮，即可完成注册，流程如图 9.4 所示。

◎ 图 9.4

③ 首次登录后可以看到 Blynk App 内暂时还没有任何项目，点击"New Project"（创建新项目）按钮。在创建项目页面填写项目基本信息，在"CHOOSE DEVICE"（选择设备）项中选择"Arduino Mega"，在下面的"CONNECTION TYPE"（连接类型）项中选择"Wi-Fi"，点击"Create"按钮，保存这个新项目。

④ 创建项目后，Blynk App 会提示授权码已经生成并发送到了你的邮箱，如图 9.5 右图所示。我们在实验板编程时将使用这个授权码，请妥善保管。至此，Blynk App 端的设置就完成了。

◎ 图 9.5

2. 设备端编程

启动 Mixly 程序，板卡选择为"Arduino Mega 2560［atmega2560］"，端口号设置为我们在图 9.3 中记下的号，在 NMduino-IOT 模块类中把"服务器信息"积木拖到工作区，将 Wi-Fi 的名称、密码和邮箱中的授权码填在积木中，如图 9.6 所示。

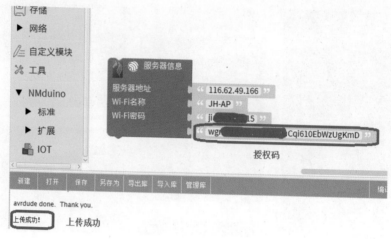

◉ 图 9.6

注意授权码在邮件中的位置，如图 9.7 所示。

◉ 图 9.7

单击"上传"按钮，将程序上传到实验板中。上传成功后，单击"串口监视器"按钮，可以看到实验板连接网络的过程。当出现 Ready 信息时，表示实验板已经连入了 Blynk 平台，如图 9.8 所示。

◉ 图 9.8

3. App 端项目设置

上传好实验板的程序之后，需要继续设置手机上的 App 端，达到通过 App 控制实验板的目的。

在 Blynk App 的空白处增加"Button"（按钮）组件，在按钮的设置界面设置按钮的信息。NMduino 板载的红色 LED 灯的管脚号为 46，所以在 OUTPUT 处选择 Digital（数字管脚）为"D46"，在 MODE 处选择"SWITCH"（按下有效），再设置按钮的标签文本。用同样方法，再增加一个按钮，用来控制绿灯的开关，注意在 OUTPUT 处选择"D44"，如图 9.9 所示。

◉ 图 9.9

全部设置完毕后，返回主界面，点击右上角的三角图标 ▷，启动该项目，确保"设备连接状态"图标没有红色标记出现，如图 9.10 所示。然后按下自己创建的按钮试一试，当按下按钮时，实验板上的 LED 灯就会点亮；再次按下按钮，LED 灯就会熄灭。

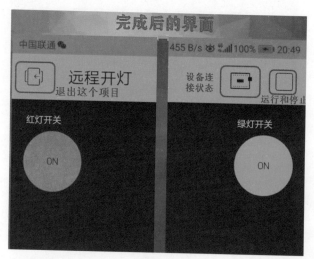

◎ 图 9.10

通过设计这个小程序，用手机可以发现控制几个小灯其实很简单，除了修改几个参数，不需要写一行代码。

完成这个实验后，还可以试着创建一个"Slider"（滑块）组件。在 OUTPUT 处选择"D45"，再启动该项目，拖动"Sider"中的滑块，观察黄色 LED 灯，看看是否可以用这个滑块控制 LED 灯的亮度。使用"Slider"组件可以输出 PWM 值，实验板上的三个 LED 灯（管脚号分别为 D44、D45、D46）全部支持 PWM 输出，因此可以通过"Slider"组件控制管脚号为 D45 的 LED 灯亮度。

如果 D45 口连接一个小风扇，还可以用这个方法控制风扇的风速。还可以在此基础上进行拓展，如果想用 NMduino 实验板远程控制家里的一盏台灯，只需要增加继电器模块。可以将继电器的控制端接在实验板扩展口的 D4 管脚（当然 App 中按钮的 OUTPUT 处也要改到 D4 才行），将台灯的火线剪断，接入继电器，电路连接如图 9.11 所示。

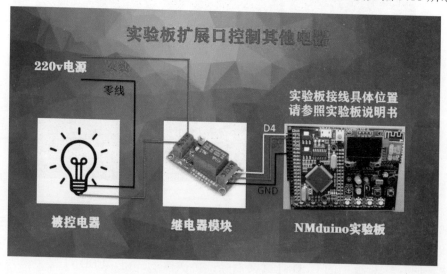

◎ 图 9.11

讲到这里，我们已经可以用 Blynk 制作物联网应用，实现很多神奇的功能了，而实现这些功能并不需要写代码，只需要拖动积木块并进行一些设置就行了。

除了远程控制家里的设备，我们可能还希望随时掌握室内的温度与光照度，在本节实验的基础上，利用实验板上的温度传感器和光照传感器，对本节完成的工作稍加修改，即可实现远程查看温度和光照数据。要注意的是，光照传感器是模拟信号传感器。

1. 设备端编程

启动 Mixly 程序，在本节编制的程序的基础上增加一个 Blynk 定时器积木，在积木里增加 2 个数据发送模块，修改后的程序如图 9.12 所示。

在连接 Blynk 平台后，每隔 1 秒，接在管脚号为 40 的温度传感器数值和接在管脚号为 A11 的光照传感器数值将分别发往 V0 和 V1 这两个虚拟端口。

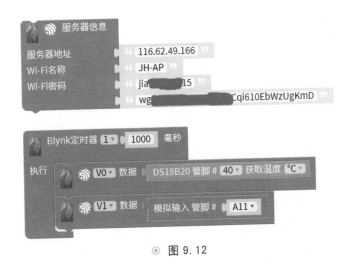

◉ 图 9.12

2. App 端设置

在手机端需要设置可以显示数值的模块，这个数值是从实验板传输过来的。在 App 端可以增加"Value Display"（虚拟显示屏）或者"Labeled Value"（数据标签）组件，前者只能显示数值，后者可以标注数值名称及单位。

增加两个"Labeled Value"组件，为组件设置参数，其中最关键的是将 INPUT 处分别设置成 V0 和 V1，此处要与如图 9.12 所示的程序中设置的虚拟端口保持一致。

为了能直观地显示参数曲线，还要增加一个"SuperChat"（超级对话）组件，在这个组件中，增加两个"DataStreams"（数据流）组件，分别命名为"室内温度"和"室内光照"，并在它们的设置中将 INPUT 处分别设置为 V0 和 V1，如图 9.13 所示。

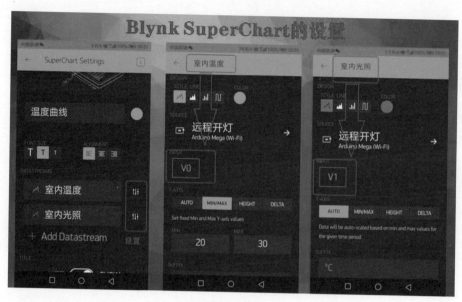

◉ 图 9.13

3. 程序效果

将程序上传后，开启 App 端，可以看到"室内温度"组件能显示当前测到的温度，"室内光照"组件能显示当前测到的光照度。改变环境的温度和光照，App 端的数值马上就会发生变化。"SuperChat"组件能即时显示温度、光照的变化曲线，还可以按照不同时间周期显示历史数据，效果如图 9.14 的左图所示。

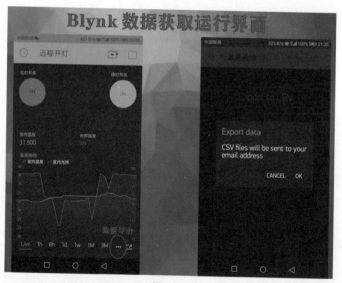

◉ 图 9.14

如果想导出记录的数值，可以点击"SuperChat"组件右下角的"…"图标(见图 9.14 的左图)，这时会出现导出数据和擦除数据的选项，如图 9.14 的右图所示。选择导出数据，你就可以收到一份邮件，邮件中的 csv 文件中包括了你导出的数据，有了这份数据，如果想要做一些数据分析就很方便了。

第 10 节　用 Python 控制实验板

1. 认识 NMduino-PY 实验板。

2. 了解 MicroPython 编程和 C 编程思路上的区别。

3. 了解 MicroPython 代码编程的方法。

实验 25　触控七彩灯

一、情景导入

萌萌在学校里学习了 Python 程序设计语言，这是跟积木式程序设计语言完全不同的编程方式。

萌萌问："爸爸，对实验板也可以用 Python 语言编程吗？"

爸爸解释道："我们平时用 Mixly 为 NMduino 实验板编写的程序，实际上是 C 语言程序，只是 Mixly 将它图形化了。Python 语言经过改造也可以在 32 位的微控制器上使用，专门为微控制器开发的 Python 编程语言称为 MicroPython。可以用 MicroPython 编程语言编写程序控制 NMduino-PY 实验板。"

二、相关知识

① MicroPython：MicroPython 精简高效地实现了 Python 语言程序在微控制器上的运行。使用 MicroPython，可以编写 Python 脚本来控制硬件，例如可以实现以下功能：使 LED 灯闪烁，与温度传感器通讯，控制电机，在互联网上发布传感器读数等。

② NMduino-PY 实验板：NMduino 系列实验板的 V6.0 版本，以 32 位微处理器 ESP32 为核心，可以运行用 C 语言或 MicroPython 语言编写的程序。实验板的布局和前面介绍的标准版大致相同，但是它有 6 个额外的触摸键，用来当作触摸开关，如图 10.1 所示。

◎ 图 10.1

三、实验准备

① 与使用 NMduino 标准版一样，首先将实验板连接到计算机的 USB 接口，然后安装 USB 驱动。驱动安装完毕，在设备管理器中可以看到对应的端口号，如图 10.2 所示。

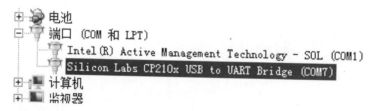

◎ 图 10.2

② 启动 Mixly 程序，选择 MicroPython 处理器和正确的端口，如图 10.3 所示。

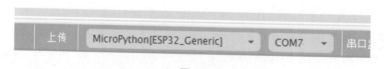

◎ 图 10.3

操作 NMduino-PY 实验板的 LED 灯、温度传感器、按键、蜂鸣器等部件的方法与操作标准板上相应部件的方法基本一样，在 Mixly 程序界面拖动相应的积木编写程序即可实现有关功能。需要注意是 NMduino-PY 实验板各个传感器的连接管脚编号(在每个传感器编号的括号中已标明)与标准板不同，编程时要进行相应的设置。

NMduino-PY 实验板下方的 6 个触摸键，自左起顺序连接 ESP32 模块的 27、14、12、13、15、4 这 6 个管脚。

四、实验步骤

① 使用"初始化触摸传感器"与"获取触摸传感器的值"两个积木块对触摸键编写程序，如图 10.4 所示。

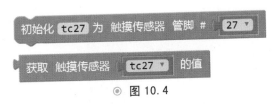

◎ 图 10.4

在触摸键没有被触摸时，触摸传感器的值比较大，接近 255，触摸后值变小，接近 0，用这个值与一个中间值进行比较，可以判断是否有触摸发生。

② 编写如图 10.5 所示的程序，用最左侧的触摸键控制 1 号 RGB 灯的亮灭。

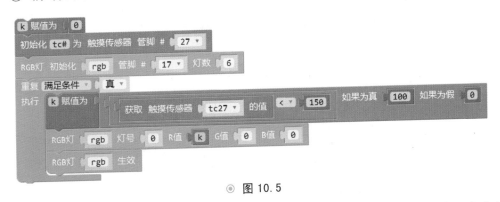

◎ 图 10.5

注意，在这里必须使用"重复执行"积木，用来进行程序的主循环，这一点和以前不同。

③ 单击"上传"按钮，当出现如图 10.6 所示的提示时，表示上传完成，运行中无语法错误。

```
========> done!
set main.py...
========> done!
run program...
exec(open('mixly.py').read(),globals())
```

◎ 图 10.6

现在触摸左侧键，1 号 RGB 亮起红色，松开触摸键，红灯关闭。

④ 在以上程序的基础上，添加相应的变量和控制语句，让 6 个触摸键和 6 个 RGB 灯一一对应，同时加入控制 OLED 屏显示的语句，达到用触摸键实现触控 RGB 七彩灯的效果，完整的程序如图 10.7 和图 10.8 所示。

使用全局变量 k1
使用全局变量 k2
使用全局变量 k3
使用全局变量 k4
使用全局变量 k5
使用全局变量 k6
初始化 tc12 为 触摸传感器 管脚 # 12 ▾
初始化 tc13 为 触摸传感器 管脚 # 13 ▾
初始化 tc14 为 触摸传感器 管脚 # 14 ▾
初始化 tc15 为 触摸传感器 管脚 # 15 ▾
初始化 tc27 为 触摸传感器 管脚 # 27 ▾
初始化 tc4 为 触摸传感器 管脚 # 4 ▾
I2C 初始化 i2c sda 23 ▾ scl 22 ▾ 频率 100000
使用I2C i2c 将 oled 初始化为OLED 128 X 64
RGB灯 初始化 rgb 管脚 # 17 ▾ 灯数 6

◉ 图 10.7

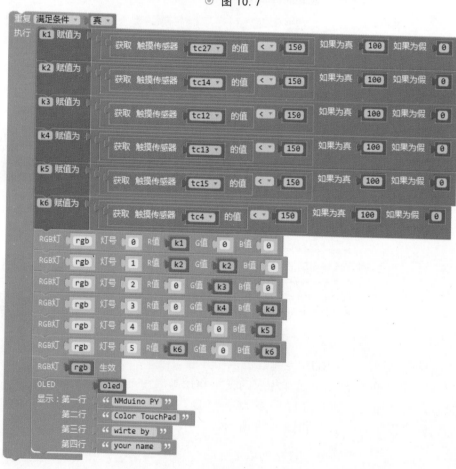

◉ 图 10.8

⑤ 单击"上传"按钮，上传完成后触摸按键，观察 RGB 灯的点亮情况。

⑥ 进入编程界面的"代码"选项卡，可以看到下述的 Python 程序。可以直接在这里编辑 Python 程序代码，然后上传运行。

```python
import ssd1306
import neopixel
import machine

global k1
global k2
global k3
global k4
global k5
global k6
tc12 = machine.TouchPad(machine.Pin(12))
tc13 = machine.TouchPad(machine.Pin(13))
tc14 = machine.TouchPad(machine.Pin(14))
tc15 = machine.TouchPad(machine.Pin(15))
tc27 = machine.TouchPad(machine.Pin(27))
tc4 = machine.TouchPad(machine.Pin(4))
i2c = machine.I2C(scl = machine.Pin(22), sda = machine.Pin(23), freq = 100000)
oled = ssd1306.SSD1306_I2C(128,64,i2c)
rgb = neopixel.NeoPixel(machine.Pin(17), 6, timing = True)


while True:
    k1 = 100 if (tc27.read() < 150) else 0
    k2 = 100 if (tc14.read() < 150) else 0
    k3 = 100 if (tc12.read() < 150) else 0
    k4 = 100 if (tc13.read() < 150) else 0
    k5 = 100 if (tc15.read() < 150) else 0
    k6 = 100 if (tc4.read() < 150) else 0
    rgb[1] = (k1, 0, 0)
    rgb[2] = (k2, k2, 0)
    rgb[3] = (0, k3, 0)
    rgb[4] = (0, k4, k4)
    rgb[5] = (0, 0, k5)
    rgb[6] = (k6, 0, k6)
    rgb.write()
oled.show_str("NMduino PY","Color TouchPad","wirte by","your name")
```

你现在已经知道 MicroPython 的用法了，结合本书以前学习的 Python 知识，你能用 MicroPython 编写一段程序，让 RGB 灯实现流水灯的效果吗？图 10.9 所示的程序供参考。

```
Mixly 0.999
  模块              代码                    Copyright © 北京师范大学米思
 1  import time
 2  import neopixel
 3  import machine
 4
 5  rgb = neopixel.NeoPixel(machine.Pin(17), 6, timing = True)
 6  while True:
 7      for i in range(0, 6, 1):
 8          rgb[(i - 1)] = (0, 0, 0)
 9          rgb[i] = (0, 100, 0)
10          rgb.write()
11          time.sleep_ms(500)
```

◎ 图 10.9